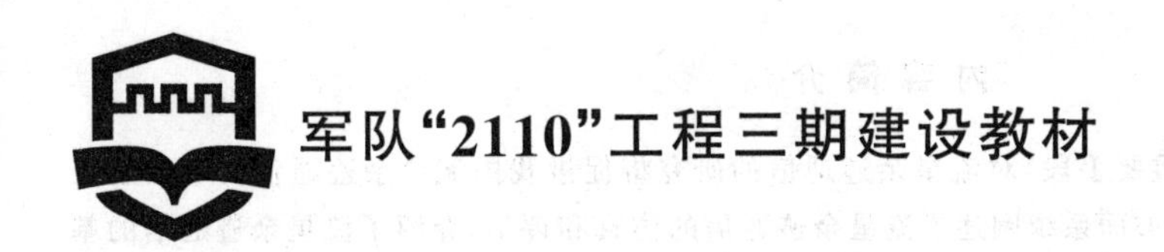

流星余迹通信仿真与评估

易昭湘　主编
王　莉　张雄美　张海静　于晓磊　编

北京航空航天大学出版社

内容简介

流星余迹通信是应急通信中的重要手段，对流星余迹通信的研究将促进我国流星余迹通信技术的发展和应用。本书从理论、技术和方法等方面系统阐述了流星余迹通信的仿真和评估，介绍了流星余迹通信的基本理论，阐述了OPNET建模过程，重点分析了基于OPNET的流星余迹通信仿真，探讨了半实物仿真人机交互的过程，并详细讨论了流星余迹通信系统效能评估的方法。

本书力求科学性、系统性、实用性和发展性相结合，可为高等院校通信工程专业的高年级学生和研究生提供学习参考，也可供从事通信工程的技术人员和研究者阅读参考。

图书在版编目(CIP)数据

流星余迹通信仿真与评估 / 易昭湘主编. -- 北京 ：北京航空航天大学出版社，2016.1

ISBN 978-7-5124-1986-5

Ⅰ.①流… Ⅱ.①易… Ⅲ.①流星余迹－散射通信－仿真②流星余迹－散射通信－评估 Ⅳ.①TN926

中国版本图书馆CIP数据核字(2015)第305624号

流星余迹通信仿真与评估

易昭湘　主编

王　莉　张雄美　张海静　于晓磊　编

责任编辑　史　东

*

北京航空航天大学出版社出版发行

北京市海淀区学院路37号(邮编100191)　http://www.buaapress.com.cn

发行部电话:(010)82317024　传真:(010)82328026

读者信箱:goodtextbook@126.com.cn　邮购电话:(010)82316936

北京兴华昌盛印刷有限公司印装　各地书店经销

*

开本:787×1 092　1/16　印张:8.5　字数:218千字

2016年1月第1版　2016年1月第1次印刷　印数:1 000册

ISBN 978-7-5124-1986-5　定价:26.00元

若本书有倒页、脱页、缺页等印装质量问题，请与本社发行部联系调换。联系电话:(010)82317024

前　言

近年来，随着突发事件的频发和武装冲突的递增，人们对应急通信的需求越来越迫切。流星余迹通信作为应急通信系统的重要组成部分，利用流星高速进入大气层中摩擦燃烧后在高空形成的电离余迹，对 VHF 频段的电磁波进行散射或反射，从而实现超视距通信。

流星余迹通信具有特殊的传播机理，可满足不同应用环境下的应急通信保障需求，提供复杂的自然电磁环境和核战争条件下的最终应急通信保障。鉴于此，国外发达国家已经建立了用于应急通信保障的流星余迹通信网络体系。美军建立了北美防空联合司令部流星余迹通信网，由 3 个主站和 20 个从站组成，覆盖美国 2/3 国土和加拿大安大略湖地区，主要用于为美国空军阿拉斯加州地区空军指挥部完成雷达导航指挥，弥补卫星通信在紧急情况下的通信不足问题，并作为受核攻击后的应急通信手段。北约也部署了欧洲盟军司令部 COMET 流星通信系统，由 3 台主站和十几台从站组成，站点分别布设在法国、英国、挪威、德国、意大利、荷兰，主要用于紧急短信息通信联络。同时，流星余迹通信跨距大，覆盖区域广，可星形组网，特别适用于无人值守条件下的远程海洋气象、水文等海上敏感信息的收集，以及对突发事件的紧急报警；可用来建立单向信息发布网，用于大范围的信息发布等。美国建立了积雪探测系统，由多个主站和数百个从站组成，覆盖美国西部 11 个地区，用于有关积雪、温度、降雨、湿度等数据的采集，主要用于为美国西部地区积雪探测和水文预测服务。

我国从 20 世纪 60 年代起就开展了流星余迹通信研究，70 年代研制出了第一代流星余迹通信系统。相对发达国家而言，由于流星余迹通信的特殊性，国内对流星余迹通信技术的研究、流星余迹通信系统的应用等方面还存在一定的差距。本书源于作者及相关研究机构长期的跟踪和研究，在注重基本理论的同时更突出实践应用，希望能为读者在从事教学和科研的过程中提供帮助，也希望能激发大家对流星余迹通信技术研究和应用的兴趣。

本书从流星余迹通信应用出发，围绕流星余迹通信仿真和评估问题，按照“理论—模型—仿真—评估”的思路，先介绍流星余迹通信的基本概念、原理和系统组成，然后阐述 OPNET 建模的机制和方法。在此基础上，深入剖析运用 OPNET 构建节点模型、协议和仿真的详细过程，并结合实际应用讨论运用 SITL 进行流星余迹通信半实物仿真的原理和接口设计。最后，重点分析流星余迹通信评估指标体系和评估方法。

本书分为5章。第1章为流星余迹通信，第2～4章为流星余迹通信仿真，第5章为流星余迹通信评估。各章的编写思路和内容简介如下：

第1章为流星余迹通信的基本原理。首先从流星余迹的物理特性引出流星余迹通信的基本原理和特点，分析了流星余迹通信发展的趋势及应用领域。然后重点阐述了流星余迹通信信道特性，分别从欠密类和过密类两类信道讨论流星余迹信道对信号传输产生的影响。最后介绍了流星余迹通信系统的组成和功能，详细分析了流星余迹通信的3种通信方式和特有的工作过程，并讨论了流星余迹通信的关键技术和发展趋势。

第2章为 OPNET 仿真基础。介绍了 OPNET 软件功能和应用，讨论了 OPNET Modeler 建模和仿真机制，重点阐述了运用 OPNET 进行无线信道建模的过程和方法。

第3章为基于 OPNET 的流星余迹通信仿真。讨论了流星余迹通信主从节点模型和数据处理进程的设计，重点阐述了流星余迹通信协议设计，退 N 重传机制和存储队列设置，最后结合实例分析了流星余迹通信仿真场景、仿真过程及相关结论。

第4章为流星余迹通信半实物仿真。介绍了半实物仿真概率、原理和意义，讨论了基于 SITL 的半实物仿真原理和实现过程，重点阐述了运用 SITL 实现流星余迹通信半实物仿真的总体设计、接口和人机交互界面。

第5章为流星余迹通信系统效能评估。首先分析了流星余迹通信指标体系建立原则，在此基础上建立了流星余迹通信评估指标体系，从业务指标和应用指标两个方面对指标体系结构进行了详细阐述；然后分析了通信效能评估方法，重点讨论了模糊综合评估方法及原理；最后通过实例介绍了流星余迹通信效能评估系统及工作流程。

本书积累了作者和相关合作者近几年在流星余迹通信的仿真和评估方面的最新研究成果。本书由易昭湘主编。各章的编写分工是：第1章由王莉编写，第2

章由张雄美编写，第3、4章由易昭湘编写，第5章由张海静编写。于晓磊负责本书中的所有实验。李亚星、何恒、许夙辉、李岩、施慧玮、赵典、曾旭、高炳杰、王帆、谭志浩等参与了部分内容的修改和完善。

流星余迹通信涉及的理论和技术原理性强，相关的研究正在不断深入和完善中。由于时间仓促，加上水平有限，书中不足及错误在所难免，敬请读者批评指正。

编　者

2015年12月

目　　录

第1章　流星余迹通信

1.1　流星余迹通信基本概念

1.1.1　流星余迹及物理特性

流星余迹是一种普遍存在的自然现象。根据天文学家统计，每天大约有80～100亿颗的流星进入大气层，绝大多数的流星质量大约在1 kg以下，这些流星速度可达11.3～72 km/s，与大气层中的空气分子发生猛烈碰撞，燃烧产生高温，导致周围空气急剧电离，在距地面80～120 km高空形成电离气体带，这种现象称为流星余迹。而后，随着电离气体的扩散与复合，流星余迹中的电子密度逐渐下降直至余迹消失。通常，流星余迹在空中存在的时间为几百毫秒至几秒。

要满足流星余迹通信的需要，要求流星体的质量必须满足：$m \geqslant 10^{-7}$ g。通过相应的统计，可以得到流星质量与数量的关系，如表1-1所列。

表1-1　流星质量与数量的关系

流星质量/g	全天数量/颗	流星质量/g	全天数量/颗
>100	≥300	10^{-2}～$>10^{-3}$	3.6×10^{7}
100～>10	2 500	10^{-3}～$>10^{-4}$	1.9×10^{8}
10～>1	1.8×10^{4}	10^{-4}～$>10^{-5}$	3.3×10^{8}
1～$>10^{-1}$	4×10^{5}	10^{-5}～$>10^{-6}$	6.5×10^{10}
10^{-1}～$>10^{-2}$	10^{6}	—	—

表1-1数据表明：流星的质量越大，数量越少，成反比关系。质量每增加10倍，出现的数量则相应地降低为原来的1/10。这主要是由于在太阳系中，质量和体积越小的尘埃越多，相应地进入地球大气层的尘埃也就越多。式(1-1)可以用来表示这种规律：

$$n = \frac{k}{m} \tag{1-1}$$

式中：m——尘埃的质量；

n——比质量m大的尘埃数量；

k——系数。

尘埃的数量不仅和质量有关，而且和流星余迹电子线中的密度也紧密相关。其关系如式(1-2)：

$$N(q > q_0) = \frac{k'}{q_0} \tag{1-2}$$

式中：$N(q>q_0)$——电子线密度大于 q_0 的余迹年出现量；

k'——比例系数。

由式(1-1)可知，流星的质量与数量存在着反比的关系，再加上流星的质量与体积有一定的正比关系，结合式(1-2)可知流星余迹的电子线密度与出现的概率成反比关系。也就是说，电子线密度越大，流星出现的概率越小；电子线密度越小，流星出现的概率越大。

流星进入大气层具有很大的随机性。通过长期的统计和分析，流星的数量存在着日夜变化和季节变化。

1. 日夜变化

流星数量存在着日夜变化，图 1-1 为某地 24 h 内流星数量的变化情况。由此可以看出，每天黎明流星迎着地球射入，出现最大值；日落时流星追着地球射入，出现最小值。

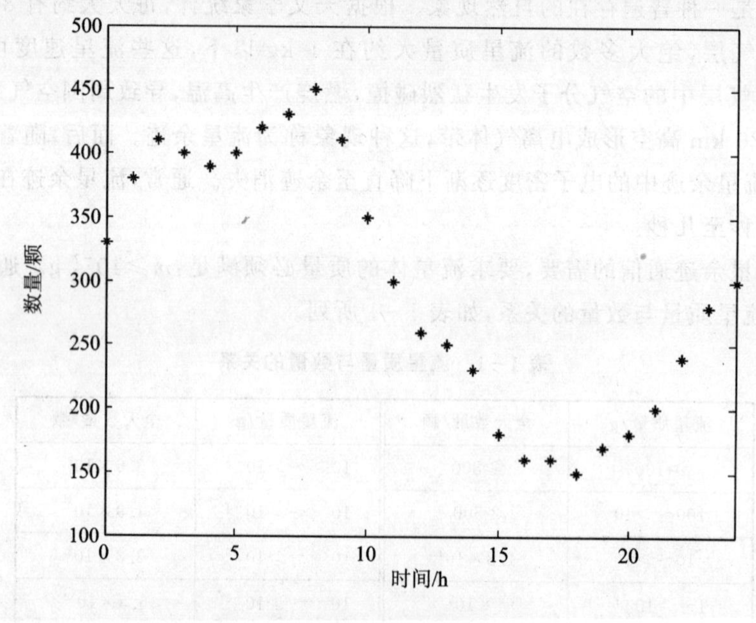

图 1-1　流星数量日夜变化情况

流星数量存在日夜变化的原因在于地球的自转和公转。当地球公转时，处于地球公转轨道上的流星体将大量的与地球迎面碰撞，因为这些迎面碰撞的和被追上的流星数量多，与地球之间的相对速度大，因此可以看到的流星数量多。再加上地球存在着自转现象，由此不难发现当黎明时流星的数目比日落时的数量多。大量的观测数据表明，二者的典型比值大约为 4∶1。

2. 季节变化

流星数量不仅在一天中存在着变化，而且在一年中随着季节的改变也有一定的变化，图 1-2 为某地一年内平均每小时流星信号数目的统计变化。可以看出，夏季流星数量多，而冬季流星数量少。

流星到达率之所以在一年中存在着季节变化，主要原因在于地球绕太阳公转轨道上面的流星数量分布不均匀。通过观测，6—8 月，在地球公转轨道上的流星密度最大，相应的流星出现的数量最多。与日夜变化的规律类似，北半球最高的 7 月份与最低的 2 月份的数量比

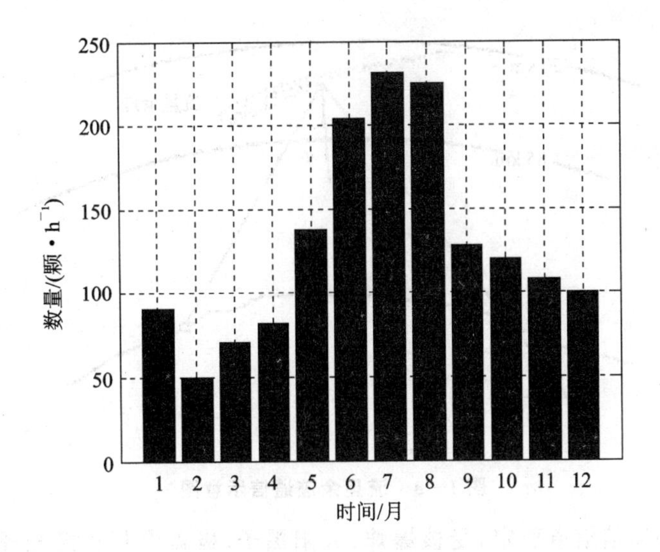

图1-2　流星数量季节变化情况

是4:1。如果在此基础上剔除掉流星雨的影响因素，那么流星出现的季节变化最大值和最小值的比值约为2:1。

流星日夜变化最大的地区出现在赤道，最小在地球两极；而季节变化则与此相反，最大在两极，最小在赤道。如果以年为周期，考虑到日夜变化和季节变化，那么流星出现的最大变化比例为16:1。此外，地球并非垂直公转，它有一定的倾斜角度，地轴的倾斜角为23°26′。这就造成了在9月份时，北半球面向地球公转方向的面积大于南半球，从而导致此时在北半球出现的流星数量多于南半球，而3月份时恰好相反。

上述流星数量的日夜变化、季节变化及地理位置都是流星余迹通信分析、设计和使用必须考虑的问题。

1.1.2　流星余迹通信的基本原理和特点

流星余迹通信(Meteor Burst Communication，MBC)是利用流星高速进入大气层中摩擦燃烧后在高空形成的电离余迹(即前面提到的流星余迹)作为传播媒质，对VHF频段的电磁波进行散射或反射，从而实现超视距通信的一种通信方式。如图1-3所示，它是在收发天线波束相交的区域内出现流星余迹的瞬间，采用预先确定的通信频率，快速进行数据通信。流星余迹通信常用的通信频率为30～70 MHz，最佳工作频率为40～50 MHz，实用数据率为2～4.8 kb/s。

流星余迹的寿命极短，仅为几百毫秒到几秒，属于瞬间通信的一种。这种通信不是"实时"的，因为在某个位置能提供一个足够合适的通信路径的流星余迹不会总是连续存在的。一个流星的电离余迹消失之后，到下一个适用的流星出现，通常等待时间为数秒到数分钟，也有超过十几分钟的；但每天都有足够数量的流星来支持地球上的任何地点在任何时间内都能够进行通信。

1. 流星余迹通信的特点

与其他通信方式相比，流星余迹通信的特点体现在：

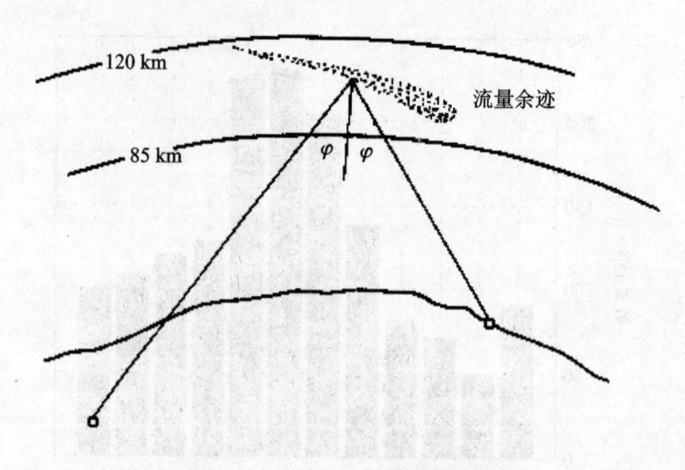

图 1-3　流星余迹通信示意图

(1) 流星余迹通信信道稳定，受核爆炸、太阳黑子、极盖中断和极光现象影响小。流星余迹通信的传输介质始终存在，其信道稳定可靠，敌方很难对流星进行破坏、攻击或干扰。相比而言，卫星通信容易被探测、干扰或阻塞，甚至遭到物理攻击，而且其通信建立费用大约为流星余迹通信的10倍；短波通信易受电离层骚动、太阳黑子活动、极光等的影响，信道特性不稳定，尤其是在核爆后，会有数小时甚至更长时间的通信中断，而流星余迹通信尤其是核爆后能很快恢复，在核爆后的2～120 min内，流星余迹通信接收信号比平时大32倍，20～120 min期间，能正常工作，不受影响，顽存性强。这是因为核爆后由于消散的核云留下了集中的离子，使它们像那些低高度、长持续时间的流星余迹那样发挥作用，有时还会使接收信号增强，有明显的核效应。核效应试验结果表明在核爆炸后，流星余迹通信依旧正常工作，甚至于信号加强了，数据通过率反而提高了4～6倍，因此被称为"世界末日的通信手段"。

(2) 流星余迹通信可靠性高，抗干扰能力强，具有较强的保密性、隐蔽性，抗截获能力强。流星余迹稍纵即逝，流星的发生在时间上具有突发性和偶然性。不必担心连续不断出现的流星余迹会遭到物理攻击，因此流星余迹通信具有很强的抗毁性，电子干扰也难以达到破坏的目的。由于电波方向性强(与卫星通信和短波通信相比)、接收信号区域小，且存在"足迹"和"热点"等特性，因而防截获、抗干扰能力强，不易遭受非视距干扰。因此，流星余迹通信的隐蔽性、保密性、抗毁性和频谱重用性均优于其他通信方式。

(3) 流星余迹通信使用地域广。我国地域辽阔、地形复杂，对于常规通信有许多不利的或受限的地方。根据国外流星余迹的实际观测和研究，已经证明流星的出现只与天体的运行有关，而与地面地形无关，在全球的任何地区上空流星余迹都是存在的，尤其是在通信比较困难的高纬度地区，流星的出现率在各个时间段内相对平稳。作为最低限度应急通信的优选手段，应能够在全国范围内的各种地域部署，满足应急通信需求。

(4) 流星余迹通信支持全时域、全天候工作。流星余迹信道全年存在，气候影响很小，这首先是由于流星余迹出现在平流层的顶部，那里没有气象的剧烈变化；其次是流星余迹通信的使用频段较低，在穿越大气层底端时，雨雪对其没有影响。战略应急通信可能在各种气候和季节下使用，而流星余迹通信可以支持这种需求。根据资料显示，每天进入地球大气层的偶发流星有10^{12}颗之多，分布在全球各地上空，支持一年四季的通信，满足最低限度应急通信全时域、全天候的使用要求。

(5) 流星余迹通信距离远，覆盖范围广，可支持大规模组网。流星余迹发生在80～120 km的高空，其单跳通信距离最高可达2 000 km，远远大于中长波通信等现有其他手段且能够进行中继，满足灾害预警、战略应急的远距离通信要求。因此，可作为边远地区和海岛边防的通信手段，同时，也可作为移动目标如远洋舰船位置和遥测数据的传输手段。流星余迹通信自身具有空分多址能力，支持一站与多站的连接，在相应通信协议支持下，便于组成一种远距离、多节点、多用户的大范围、大跨度应急通信网络，满足实际通信条件和环境的要求，支持最低限度应急指挥系统组网应用。

(6) 流星余迹通信设备简单，运行成本低。流星余迹通信是天然的空分复用，每站只用一对频点。系统设备简单，自动化程度高，无需像短波通信那样要经常改变工作频率，因而操作十分方便。流星余迹通信一旦建站，不需支付租用通信线路的费用，并且由于流星余迹通信系统无需像卫星通信那样要租用转发器，工作费用仅为卫星通信的几分之一，故有“自然卫星”之称。这就为流星余迹通信在民用方面找到了市场。

(7) 流星余迹通信适合实时性要求不高及噪声较小的场合。流星余迹通信具有间歇性和突发性，使得流星余迹通信无法维持长时间的持续工作，所以该通信方式主要为非实时的短消息和报文传输服务。由于流星的散射，信号衰减比较大，接收端接收到的信号强度比较低。另外，可利用的流星数和接收信噪比直接有关。因此一般情况下，500 km以上的通信距离要求环境噪声低，而近距离通信一般无问题，所以这种通信方式在偏远山区或郊区有更好的性能。

2. 影响流星余迹通信的因素

1) 电离层的影响

电离层会对30～70 MHz流星突发信号的传输产生影响。在太阳活动剧烈的年份，电离层的最高可用频率可达到50 MHz。这时，流星突发信号就可能从电离层反射或散射到地面。另外，常在夏季不定期出现的电离层E层，由于电子密度较高以及其不均匀性，流星突发信号经过E层的反射和散射到达接收点的强度往往很强，甚至可以连续高速地传输信息。当通过电离层散射的信号强度和流星余迹散射信号强度可相比拟时，会造成多径干扰。而且，电离层的不稳定性也会引起信号幅度严重衰落和多普勒频移。

2) 流星余迹反射信道的偏路径效应

对于指定的通信路径来说，并不是任何余迹都能把足够强的信号反射到接收点。能反射足够强信号的余迹必须满足以下条件：

① 必须在收发天线的共同照射区内形成；

② 必须有足够的电子密度；

③ 必须有合适的取向，满足镜面反射条件。

当余迹出现在收发两点的大圆路径上空时，为满足入射角等于反射角的条件，余迹必须与地面平行；但出现这种余迹的可能性很小，大量流星是倾斜于地面入射的。不过，在大圆路径两侧的许多倾斜余迹可以满足镜面反射条件。单个余迹，尤其是过密类余迹，受风剪切畸变后会引起信号散射;另外,同一照射区内同时出现两个以上可用余迹时会引起多径干扰(多径延迟时间达到几十微秒到几百微秒),同时还会引起快衰落。

3) 流星余迹通信线路上的噪声与干扰

在流星余迹通信频段中存在宇宙噪声、大气噪声、环境噪声等外部噪声以及其他干扰。与外部噪声相比,流星余迹通信系统的内部噪声要弱得多。

① 宇宙噪声的大小是工作频率的函数,频率愈高,宇宙噪声愈小。它还和接收点的位置、工作时间及天线指向有关。

② 大家熟悉的大气噪声表现为喀呖声和破碎声,它主要来源于雷电。这种噪声随工作频率的升高而迅速减小,在流星余迹通信频段内,它是一种较次要的因素。

③ 环境噪声是流星余迹通信系统的主要噪声来源。其电平和接收点所处的地理环境有很大关系,并随着工作频率的升高而下降。

以上三种噪声都呈现宽频带特性,在接收信号带宽内基本与频率无关。相比之下,由各种电设备和无绳电话、安全报警设备、个人通信系统等产生的干扰是窄带的。如无绳电话虽然功率很小,但在 10 km 距离上会影响流星余迹通信系统。可以选择适当的工作频率来避免这类干扰。

1.1.3 流星余迹通信的发展和应用

1. 流星余迹通信的发展历程

早在 1910 年,当哈雷彗星的彗尾经过地球时,美国人 Pickard. G. W 在纽约向这些流星雨发送火花振荡器的信号,希望通过多数流星的反射,在马萨诸塞州可以得到观测结果。然而,因为预期的流星雨太小,所以没有得到有价值的数据;但这一事件却代表了人们对流星余迹进行探索的开始,迈出了流星余迹通信研究的第一步。

其后 1921 年夏天,位于美国的一家长波传输局在进行电波观测试验时,发现流星群的出现和电波的接收之间有着明显的关系。后来出现了一些讨论流星余迹通信可能性的论文,这些论文简单地对流星余迹通信的可行性进行了解说,但它仅仅用镜面反射的原理解释了流星余迹通信的一切,并没有揭示流星反射电波的实质。虽然这些理论研究并没有非常深入地揭示流星余迹通信的原理和特性,但为流星余迹研究提供了最早的理论支撑。

1930—1940 年,美国科学家最早发现了电波的异常传播和流星进入地球大气层有关系;在流星余迹通信可行性提出后,各国开始投入了大量人力物力,通过开展实际观测来全面研究这种通信介质的传输特性。1935 年,Skellet. A. M 正确揭示了流星余迹突发通信的原理。作为一种抗干扰能力强的突发通信方式,从 1953 年第一台流星余迹电报通信系统到可以利用其进行语音和图像传输的 AMBTB 系统,流星余迹通信引起了全世界范围内的广泛关注。其发展经历了三个主要阶段:

(1) 20 世纪 60 年代,加拿大的 JANET 通信系统和北约的 COMET 通信系统是最早研制出的第一代流星余迹通信系统,采用固定数据传输速率,平均数据通过率仅为每秒几十比特。

(2) 20 世纪 70 年代末,随着军事等保密业务需求的进一步加强,美国和欧洲研制出了第二代大规模流星余迹通信系统。其中主要产品有美国的 AMBCS 通信系统、SNOTEL 通信系统、TRANSTACK 通信系统和英国的 BLOSSOM 通信系统。

(3) 第三代流星余迹通信系统以美国的 AMBTB 通信系统(美国自动雷达测绘学会 ARPA,1993 年)和 I - LPTL 通信系统(美国流星余迹通信公司 MCC,1992 年)为标志。与第一代和第二代系统相比,第三代系统的传输速率从每秒几十比特提高到 4～8 kb/s,可进行车载接收,支持多媒体业务的传输,并且实现了具有高增益小型天线的小功率流星余迹通信终端,可用于汽车、舰船、飞机上跟踪定位的移动数据传输。同时,已形成的星形接入网和栅格骨干网的网络体系极大地扩展了流星余迹通信的应用领域。美国 MCC 公司陆续推出了 MCC545、520、6560 等一系列新型流星余迹通信设备和网络终端,传输速率提高到 2～128 kb/s。日本的流星余迹通信设备也已装备海岸警卫队,作为特殊情况下的通信保障系统。日本国立极地研究所和我国上海极地研究所合作,在南极的昭和站和我国中山站之间建立流星余迹通信线路,为在南极建立无人观测站打下基础。

在国内,自 20 世纪 60 年代起开展了流星余迹通信系统的研究。70 年代末至 80 年代初,相继研制完成我国第一代五个型号的流星余迹通信试验设备。1963 年,在北京—西安线路上对流星余迹散射传播进行了连续一年的测试,得到了大量的流星余迹散射信道特性的第一手资料;1976 年,其中两个型号的设备都参加了我国最后一次低空核效应试验,证明流星余迹通信不受电离层骚动和核爆炸的影响,可以作为战时特殊情况下的最低限度通信保障系统。2000 年至今,我国在流星余迹通信理论研究与设备研制方面紧跟国际步伐,积极开展流星信道特性、传输体制等方面的深入研究,取得了丰富的研究成果,并研制出基于自适应变速率的流星余迹通信系统,顺利组织开展了 500～1 500 km 全国范围内的远距离线路实验,为下一步的研究打下基础。我国还先后派遣人员赴南极,参加中国极地研究所与日本国立极地研究所关于流星余迹极区通信性能的测试与研究,获得了大量的相关测试数据。目前,我国正在进行第三代流星余迹通信系统的研制,并力争尽快研制出一流的流星突发通信设备来满足国内需求,进一步跻身于国际市场。

2. 流星余迹通信的应用

流星余迹通信具有覆盖范围大、电子对抗能力强、抗毁性强和隐蔽性高等显著特点,可作为最低限度应急通信的重要手段,在国防和自然灾害等应急通信中发挥特殊的作用。20 世纪 50 年代,加拿大最早利用流星余迹实现了远距离通信;70 年代,美国将流星余迹通信用于军事、水文和气象等方面的数据传输网;中国人民解放军于 50 年代进行了流星余迹电波传播的试验,70 年代研制并使用了流星余迹通信设备。

美国早在 1994 年就将流星余迹通信列为十大重要通信手段之一。由于流星余迹通信可用于无人值守的场合,因此也可广泛用于许多民用领域。诸如气象数据采集、水文监测、大气监测、森林火情监测、海上浮标海情数据采集、海上采油平台日产量上报、电力调度数据传输、远洋船只管理和发布台风警报、长途车队管理、金融及股市行情交换和管理、边远地区通信及处理铁路交通事故、地震、雪崩、滑坡、海难、空难、洪涝灾害、森林火灾等抢险救灾的应急通信等。

我国幅员辽阔、地形复杂,高山、湖海、沙漠及人烟稀少地方很多,在这些地区用户间的距离很远，地形气候条件往往很恶劣，而所需的通信量一般又不大，虽然可用卫星、电缆及微波中继通信手段，但从经济的角度看很不合算。流星余迹通信作为远距离、稀路由、低成本的可靠通信方式，一个主站和 N 个从站可以覆盖 2 000×2 000 km^2 的面积，因此将流星余迹通信作为边远地区和海岛边防的通信手段是很经济的，同时也可作为移动目标如远洋舰船、车辆位置报告和遥测数据的收集手段。

流星余迹通信在军事上得到了广泛应用，尤其是用于支援短波通信及用作卫星通信的替补手段。美国、英国、意大利、俄罗斯等国，以及北欧和北约司令部很早就采用了流星余迹通信，许多发展中国家也购置了不少美制流星余迹通信设备装备部队。在可能出现的现代战争中，流星余迹通信无疑是一种最终的通信保障手段。流星余迹通信在我国几乎所有的军兵种中都可采用，尤其是 600 km 海域内的舰载通信更适合用流星余迹通信。流星余迹通信还可作为如潜艇监测，空中远程机动作战，孤岛哨卡和边防哨卡联络，核打击后的最低限度应急通信。将来，我国在流星突发通信方面也必将大有用武之地。

1.2　流星余迹信道

1.2.1　流星余迹信道参数及特性

流星余迹产生了大量的自由电子、正离子以及少量的负离子。流星余迹电离的程度可用离子化气体柱内平均每米所含有的自由电子数目来表示，即每米的电子数目 q(e/m)，我们称之为流星余迹的电子线密度。由于流星颗粒的大小不同，进入大气层后与大气摩擦后生成的电子的密度也就不同，则不同余迹的初始电子线密度也就出现大小差别。

电子线密度的大小不一样，余迹可支持通信的能力也就不同。如图 1－4 所示，按照电子线密度的大小，将流星余迹分为两类：电子线密度小于 10^{14} e/m 的流星余迹称为欠密类流星余迹，电子线密度大于 10^{14} e/m 的流星余迹称为过密类流星余迹。进入到大气层的流星数目与余迹的电子线密度成反比，即电子线密度越大的流星余迹数量越少，所以可用的余迹绝大多数为欠密类余迹。但由于过密类一般有长得多的持续时间，故过密类信号的累积持续时间比欠密类大得多。

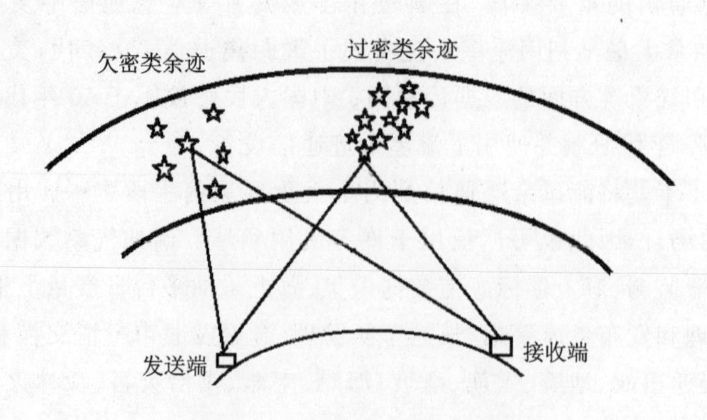

图 1－4　流星余迹分类示意图

1. 流星余迹信道的主要参数

1）工作频率

通常，流星余迹通信使用的工作频率在 VHF 波段的 30～70 MHz 之间。如果频率选择得太低，电离层中的 D 层会吸收大量的信号功率，且宇宙噪声和人为噪声随着频率的降低而增加，这会严重影响本来接收信号就很弱的流星余迹通信系统的性能。同时，天线的尺寸和造价也会随着频率的降低而增加。另外，由于流星余迹本身的特点，使得接收信号的峰值功率 P_r 和工作频率 f 的 3 次方成反比，即 $P_r \propto 1/f^3$，且平均突发的时间长度和频率成反比，即平均突发的时间长度 $\propto 1/f^2$，这些都限制了工作频率的提高。在综合的考虑技术、经济、实现的复杂度等多种因素下，大多数流星余迹通信系统都采用 30～50 MHz 之间的某个频率作为工作频率。

2）流星余迹的有效持续时间

流星余迹的有效持续时间即反射信号的持续时间，是指通过流星路径传输信息的有效可用时间，也叫做突发时间长度。通常为接收信号幅度降到其初始值的 $1/e$，即接收信号强度高于特定最小门限的时间。从物理的角度讲，指的是余迹的电子线密度高于特定最小值的时间。

流星余迹的有效持续时间 t_B，被定义为接收信号峰值功率 P_r 大于门限值 P_1 的持续时间。由于欠密类流星余迹是呈指数衰减的，因此，Eshleman 等人给出了余迹有效持续时间 t_B 与接收信号峰值功率 P_r 之间的关系式：

$$t_B = \tau \ln\left(\frac{P_r}{P_1}\right) = \frac{\tau}{10\log_{10}(e)}\left(P_{r_{dB}} - P_{1_{dB}}\right) \tag{1-3}$$

式中：τ——流星余迹信道的衰减因子。

绝大多数欠密类余迹的通信持续时间在几百毫秒以内，过密类余迹的通信持续时间为几秒到几十秒。典型的过密类余迹的接收信号幅度如图 1－5 所示，欠密类余迹的接收信号幅度如图 1－6 所示。

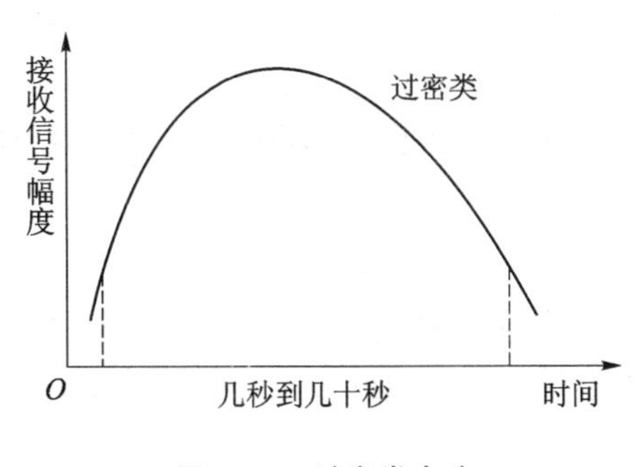

图 1－5　过密类余迹

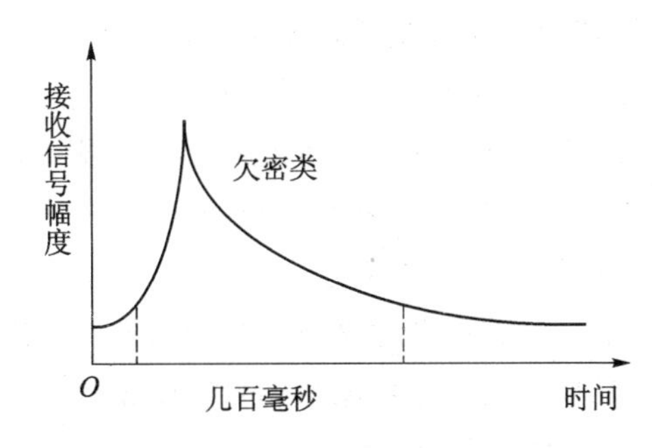

图 1－6　欠密类余迹

3）流星出现的高度

当通信站确定后，流星余迹通信容易产生的范围大概位于连接这两站的大圆中点左右两侧约 100 km 的区域内，流星余迹通信反射区的高度 Height 与发射信号的频率 f（单位为 MHz）有关：

$$\text{Height} = 124 - 17\log_{10}(f) \tag{1-4}$$

因此,流星出现的位置就是位于这一高度上的半径为 100 km 的圆面,我们可以认为流星在这一圆面上等概出现。由式(1-4)可知,信号频率确定后,可用于通信的流星余迹出现的高度就确定了。

4) 流星余迹通信的距离

流星余迹出现的高度离地面 100 km 左右,无线电波要能经流星余迹反射到地面,必须满足一定的几何条件,即入射线和余迹轴的夹角等于反射线或散射线与余迹轴的夹角,接收点才会有足够强的信号,这个条件称为镜面反射条件。由电波入射线和反射线及地球弯曲部分所限定的单链路距离最高可达 2 000 km 多,更远的距离可用中继方式完成。

流星余迹在距地面 80～120 km 的高度产生,所以电波从地面到该区域的传播大致与地波传播相似。而流星余迹通信的最佳工作频率是在 30～50 MHz 之间,在该频段,电波是以直射波的方式传输的,所以可以用直线段描述电台点到流星余迹反射点的距离。假定地球是一个理想化的球体,用一通过球心的平面截球,则在球表面所得的截线称为大圆,大圆的半径等于地球的半径。如图 1-7 所示,连接球面上两点 A、B 的最短线是通过 A、B 的大圆上较短的弧长 L_{AB},则两地间的最短距离就是地球大圆上较短的弧长。流星余迹通信距离即指两台站之间的地球大圆的弧长 L_{AB}。

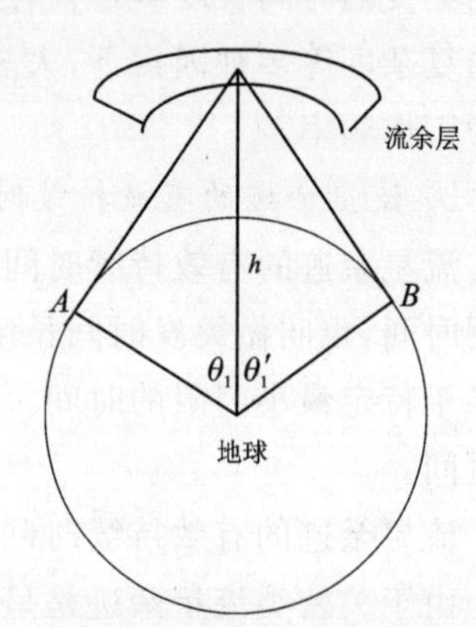

图 1-7　流星余迹通信最远距离示意图

已知地球的半径 r 为 6 370 km,设流星余迹距地面的高度 h 为 100 km。根据几何学公式计算如下:

$$\cos\theta_1 = \frac{r}{h+r} = 6\ 370 \div (100 + 6\ 370) = 0.984\ 544$$

$$\theta_1 = \arccos\theta_1 = 10.086\ 65^\circ$$

$$L_{AB} = r \cdot 2\theta_1 \cdot \pi \div 180 = 2 \times 6\ 370\ \text{km} \times \pi \times 10.086\ 65^\circ \div 180 = 2\ 242\ \text{km}$$

可见,流星余迹通信最远的单跳通信距离约为 2 242 km。

5) 占空因数

占空因数指接收信号超过给定门限的时间比例,是流星余迹通信系统设计时很重要的参数,典型值在零点零几的范围内。

6) 信道容量与带宽

在发射机的峰值功率相同的情况下,波长越长,流星余迹通信电路的通信容量就越大。对于工作在固定发射输出和在有限带宽高斯噪声干涉情况下,MBC 系统的信道容量与带宽的关系可用下式表示:

$$I = KB^{(2-a)/2} \tag{1-5}$$

式中:I——信道容量;

B——系统带宽;

a——占空因数对选择接收电平曲线的斜率;

K——常数。

所以要最大量地传输信息,应该有尽可能大的带宽。流星余迹的主要部分有 MHz 量级的相干带宽，甚至在考虑风的剪切衰落的影响时，相干带宽也有好几百 kHz。在流星余迹通信系统中，相干带宽不会限制可用带宽。

7）天　线

在流星余迹通信中，天线增益与波束宽度成反比。低增益天线会投射到很宽的天空区域范围，而高增益天线投射的区域范围较窄。流星突发通信的主站需要高增益天线，有效辐射功率可达 70 kW，从站和移动从站的有效辐射功率大约为 100 W，信道带宽至少为 25 kHz。其实，几乎任何几何标准的 VHF 天线构形都可用于流星余迹通信。在既定的战术形势下应对天线的构形进行选择，以最大限度地提高信号的强度及减小噪声的干扰。在一些战地指挥所和其他固定或半固定的场所，常选用水平极化的八木天线。这类天线方向性强，且水平极化有助于减小人为的和自然的噪声。对于移动的场合，鞭天线、环天线、盘锥天线及地平面天线等都可以使用。

8）角度参数

在计算信号的接收功率时，若 φ 为反射角，则角度参数 $\sec^2\varphi$ 的计算非常重要，因为它会对接收功率的初始值 $P_r(0)$ 以及欠密类余迹的衰减因子 τ 产生很大的影响。$\sec^2\varphi$ 的生成与余迹出现高度 h，两基站之间的距离 l 和地球半径 R 有关，表达式为：

$$\sec^2\varphi = 1 + l^2 \bigg/ \left(2h + \frac{l^2}{4R}\right)^2 \tag{1-6}$$

由于余迹出现的高度只与流星的质量和速度有关，其值为 100 km 左右，地球半径是常数，所以该参数只决定于两站之间大圆路径的距离 l。

9）余迹扩散系数

余迹扩散系数是反映余迹扩散快慢的一个参数，它直接影响到流星余迹的通信时间。扩散系数 Diffusion 由余迹高度决定：

$$\log_{10}(\text{Diffusion}) = 0.067\text{Height} - 0.56 \tag{1-7}$$

10）余迹衰减因子

余迹的衰减因子 τ 关系到流星的有效持续时间 t_B。若两基站之间的通信距离为 L，则衰减因子可表示为：

$$\tau = \lambda^2 \sec^2\phi / 32\pi^2 \text{Diffusion} \tag{1-8}$$

$$\sec^2\phi = 1 + L^2/(2\text{Height} + L^2/4R) \tag{1-9}$$

将式(1-7)和式(1-8)代入式(1-9)，衰减因子 τ 可表示为：

$$\tau = \frac{\lambda^2 \cdot 10^{-2.708}}{32\pi^2}\left[1 + L^2 \bigg/ \left(248 - 34\log_{10}(f) + \frac{L^2}{4R}\right)^2\right] \cdot f^{1.139} \tag{1-10}$$

式中：R——地球半径。

由此可见，衰减因子 τ 与通信距离和发送频率有关。在流星余迹通信中，通信距离一般为 300～2 000 km，通信频率为 30～70 MHz，因此 τ 值一般为 0.1～0.5。

2. 流星余迹信道的典型特性

流星余迹通信信道具有典型的“足迹”和“热区”特性。利用“足迹”、“热区”等空间特性，可以提高流星信道的利用率，增大可用流星的数量，使多站之间使用同一频段通信，从而提高频谱利用率和通信性能，并简化设备的制造。因此，这两个特点在流星余迹通信中起着举足轻重的作用。

1）流星余迹通信的“热区”

所谓“热区”，是当某两点确定时，在这两点间对通信有效的流星余迹特别容易产生的空间范围。热区几乎与距离无关，在典型的路径中，它处于连接这两点的大圆上的中点之左右两侧约 100 km 的地方，最有利的偏角达 20°～30°。如图 1-8 所示，设图中最里面的小圈内流星突发产生概率为 100%，则外圈的产生概率递减。

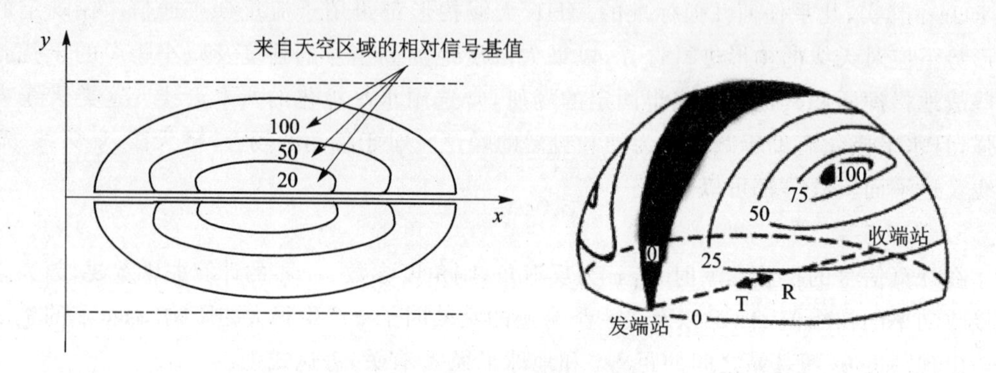

图 1-8　热区出现概率示意图

热区的位置具有下列特点：

(1) 24 小时中，热区的位置在绕着以收发站为焦点的椭圆原点转动。以北半球南北链路为例，白天，热区出现在收发站大圆连线的东方；夜晚，热区出现在收发站大圆连线的西方。在黎明和黄昏的时段，热区分布在大圆的两侧。在某些文献中，“黎明”和“黄昏”严格指 6 时前后和 18 时前后。

(2) 热区总是出现在收发站大圆连线的两侧，左右偏移 100 km 左右，但永远不会出现在大圆连线上。在收发站大圆连线上，MR(可用流星数)和 DC(平均时间通过率)值为 0，造成这种现象的原因是在收发站大圆的连线上，椭球面的切平面是基本平行于地面的。也就是说，在这个切平面内，流星是基本平行于地面划过天空的，这样的流星还没有到达天顶位置就已经完全烧蚀掉了。

(3) 得到任意时段的热区位置后，可以自适应调整天线的仰角和方位角，或是天线主波束仰角和方位角(自适应波束形成)，那么就可以实现天线热区的自动跟踪。如果收发站点是固定站点，也可以通过事先计算建立热区位置的数据库，直接使用波束切换技术。

2）流星余迹通信的“足迹”

所谓“足迹”是无线电波经流星突发余迹反射或散射而照到地面的一个有限覆盖(投影)区，通常为一个狭长的马蹄形区域，强信号区约为 8 km 宽、40 km 长的椭圆形，如图 1-9 所示。

只有窃听设备处于该“足迹”之内且与发端站频段相同时，才能收到发端站所发的信号，故又称“足迹”为窃听(截获)区域。其中，内圈 $R=1.0$，即窃听概率为 100%；外圈 $R=0.6$，即窃听概率为 60%。反之，窃听设备若处于该“足迹”之外，则即使频段相同也收不到发端站所发的信号。因此，“足迹”的存在，使这种通信方式即使不采取特殊的技术措施也有良好的抗窃听、抗干扰能力。另外,由图1-9可见,处于同一“足迹”内的多个收端站能同时收到同一突发余迹所反射或散射的发端信号;反之,则不能。

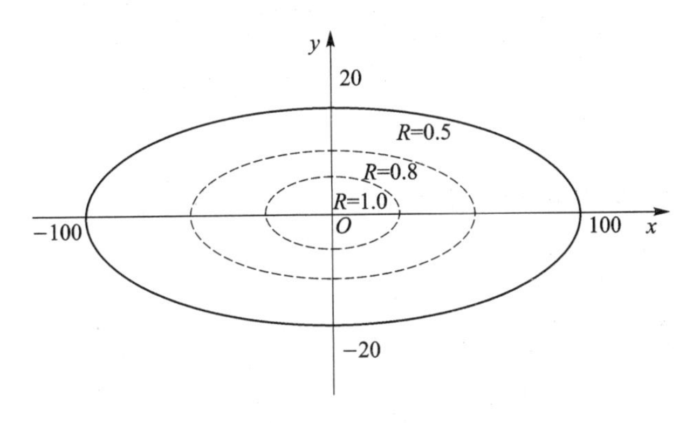

图1-9　足迹示意图

1.2.2　欠密类流星余迹信道

欠密类流星余迹的产生源是小流星,出现得最为频繁。当小流星与大气层摩擦电离空气后,由于体积小,划过的面积小,因此电离的空气也少。余迹内部的电子浓度(每立方米体积内的电子数)小于反射特定频率无线电波的临界值,入射无线电波几乎可以无衰减地穿透余迹,看起来不能将无线电波给发射回去。但是余迹内部每个电子在入射波交变电磁场的作用下发生震动,每个电子都相当于一个小天线独立地产生电磁辐射。接收点的场强就是各个电子二次辐射场的叠加。

由于余迹形成阶段时间极短,信号强度突然上升,然后余迹因扩散作用而膨胀,各个电子的二次辐射场越来越不相干(因行程差引起的相位差越来越大),故信号强度逐渐下降。欠密类余迹散射的主要特征是散射具有很强的方向性。只有满足前面提到的“镜面反射条件”,才能收到足够强的信号。为了满足“镜面反射条件”,余迹应该与焦点位于发射机和接收机的椭球体相切,传播路径一般情况如图1-10所示。

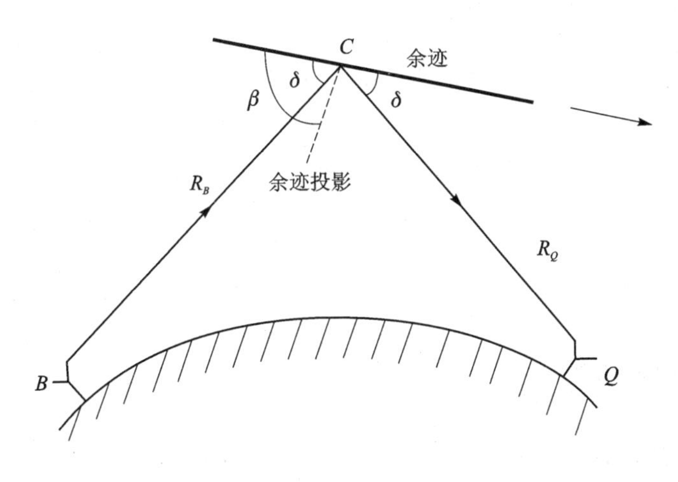

图1-10　欠密类流星余迹散射路径

通过相应的计算，可以得到一个接收信号功率和信道中设备相应参数的关系：

$$\frac{P_R(t)}{P_T}=\frac{G_T G_R \lambda^3 q^2 \gamma_e^2 \sin^2\alpha}{16\pi^2 R_T R_R (R_T+R_R)(1-\cos^2 \sin^2\varphi)}\cdot \exp\left(-\frac{8\pi^2 r_0^2}{\lambda^2 \sec^2\varphi}\right)\exp\left(-\frac{32\pi^2 Dt}{\lambda^2 \sec^2\varphi}\right) \tag{1-11}$$

式中：P_T——发射功率；

G_T、G_R——发射天线和接收天线增益；

λ——无线电波波长；

q——流星余迹电子线密度；

R_B、R_Q——发射点和接收点到流星余迹中心的路径距离；

φ——入射线 BC 与散射线 QC 夹角的一半；

β——流星余迹轴与无线电波传播平面 BCQ 之间的夹角；

α——入射波电场的矢量散射线 QC 的夹角；

r_e——电子的等效半径；

r_0——流星余迹的初始半径；

D——流星余迹的扩散系数。

由式(1-11)可见，接收信号功率随时间按指数形式变化，即

$$P_R(t)=P_R(0)\exp(-t/\tau) \tag{1-12}$$

$$\tau=\lambda^2\sec^2\varphi/(32\pi^2 D) \tag{1-13}$$

式中：τ——衰减因子；

$P_R(0)$——接收信号功率的初始值，也就是峰值。

因此峰值接收功率随着 $\lambda^3 q^2$ 变化，而信号持续时间随着 λ^2 变化。

由式(1-12)和式(1-13)可以看出，欠密类流星余迹散射信号的强度在很快的时间内达到峰值，然后由于余迹的扩散，信号强度大致按指数规律衰减；持续时间由时间常数决定，通常为几百 ms 到 1 s。

1.2.3　过密类流星余迹信道

过密类流星余迹与欠密类流星余迹相反，是由体积较大的流星体形成的，因此电离的空气也多，形成了较为稠密的电离子。其电子密度较大，余迹内的电子浓度大于反射特定频率无线电波的临界值。在这种情况下，电波不再能穿透余迹，余迹可等效为一个金属圆柱体，其等效半径就是等效介电常数为负值的圆柱区的半径。与电离层相似，余迹的等效复介电常数可以表示为：

$$\varepsilon_e=\varepsilon_r\varepsilon_0-\mathrm{i}\frac{\sigma_e}{\omega} \tag{1-14}$$

式中：ε_r——等效介电常数；

σ_e——等效电导率，单位为 S/m；

ω——无线电波的角频率。

$$\varepsilon_r=1-\frac{Ne^2}{m\varepsilon_0(v^2+\omega^2)} \tag{1-15}$$

$$\sigma_e = \frac{Ne^2 v}{m(v^2 + \omega^2)} \tag{1-16}$$

式中：m——电子质量；

v——碰撞频率，即一个电子在 1 s 内与中性分子碰撞的次数。

通过相应的计算，传输方程为：

$$\frac{P_R}{P_T} = \frac{G_T G_R \lambda^2 \sin^2\alpha}{32\pi^2 R_T R_R (R_T + R_R)(1 - \cos^2\beta \sin^2 \sin^2\varphi)} \cdot \left[\frac{4Dt}{\sec^2\varphi}\ln\left(\frac{r_e q \lambda^2 \sec^2\varphi}{4\pi^2 Dt}\right)\right]^{1/2} \tag{1-17}$$

该式一直可用，直到时间近似为：

$$\tau' = \frac{r_e q \lambda^2 \sec^2\varphi}{4\pi^2 D} \tag{1-18}$$

在此之后，由于扩散过密类余迹转化为欠密类余迹，最大接收功率 $P_R(t)$ 出现在 τ'/e 时，其值为：

$$\frac{P_R(\tau', e)}{P_T} = \frac{G_T G_R \lambda^2 \sin^2\alpha}{32\pi^2 R_T R_R (R_T + R_R)(1 - \cos^2\beta \sin^2\varphi)} \left(\frac{r_e q}{e}\right)^{1/2} \tag{1-19}$$

若余迹形成时就满足“镜面反射条件”，则会引起接收信号的快速增强。在余迹因扩散而膨胀后的一段时间内，电子浓度虽然逐渐减小，但余迹的等效半径还有可能增加，因而接收信号强度有缓慢上升相对稳定的阶段。然后由于余迹的进一步膨胀，过密类转化为欠密类，但此时各电子的散射场已很不相干，故信号快速下降。

若余迹形成时，其取向不满足“镜面反射条件”，则开始就不能反射信号。但因电子浓度大，余迹持续时间长，余迹发生了畸变，可能形成多个满足“镜面反射条件”的区段，于是表现为信号强度缓慢起伏，并包含快衰落的情况，这就是非镜面过密类余迹传播信号的特点。

1.3　流星余迹通信系统

1.3.1　流星余迹通信系统组成

流星余迹通信系统主要由基带设备、射频设备、天线伺服设备、网络控制与管理设备和用户终端显示设备 5 大部分组成，如图 1-11 所示。基带设备主要完成信号的 A/D 变换、调制/解调、纠错编译码及数字信号处理等功能；射频设备主要完成相应的上/下变频，功率控制与放大，收/发滤波等功能；天线伺服设备主要由天线、馈线以及相应伺服系统组成，实现射频信号的发射/接收等功能；网络控制与管理设备用于协调与控制各通信模块的正常运行和组网功能的实现；用户终端和显示设备作为用户输入/输出信息的直接交互平台，用于界面显示、用户控制和系统管理等。

1. 基带设备

基带设备是指用于数字基带信号处理的通信部件。一般情况下，基带设备实现物理层和链路层的控制和功能，为上层提供基础。具体来说，主要实现数字信号的形成、调制/解

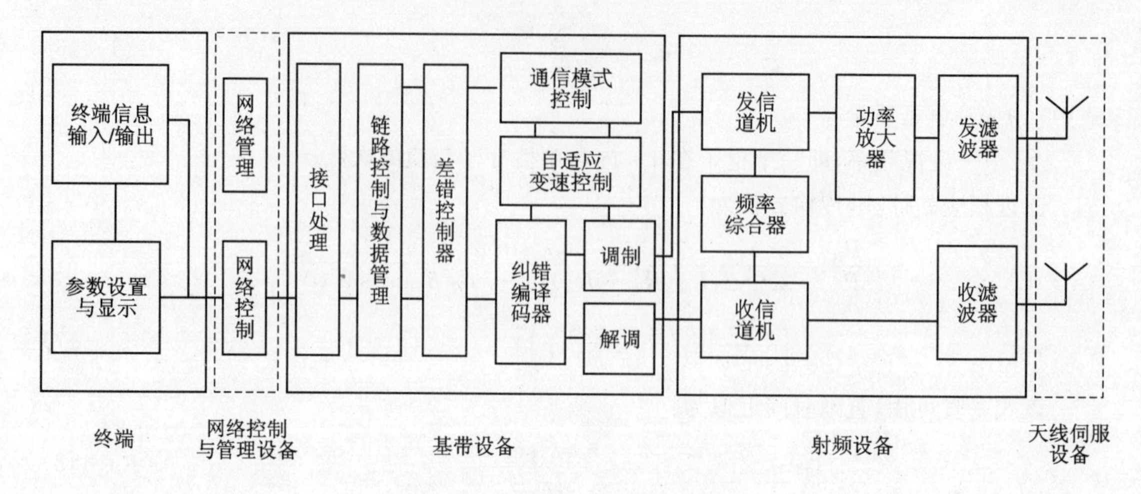

图 1-11　流星余迹通信系统组成

调、同步检测、信道估计、编码/解码、交织/解交织、组帧/拆帧、建链/拆链、变速控制、差错控制、流量控制等以及与主站其他设备之间的接口等功能。流星余迹通信系统基带硬件平台可以由 A/D 和 D/A 转换器、数字变频器、调制/解调器、编码/解码器、基带信号处理专用模块以及与其他设备之间的硬件接口等功能模块组成。随着嵌入式技术的不断发展，利用 FPGA、DSP 和 ARM 等嵌入式器件的各自优点，通过联合设计以及各芯片、各模块的一体化协同工作来实现基带系统的复杂信号处理功能已成为目前流星余迹通信基带设计的主流。

现以简单的流星余迹通信基带平台为例，说明基带信号处理的具体工作流程：如图 1-12 所示，该平台采用直接中频采样方式，从射频接收机接收到的中频信号首先进行中频放大，然后在中频直接数字化，经下变频器把信号搬到基带，并进行抽取滤波、成型滤波等相应的信号速降等处理，最后送入接收数字信号处理单元中，完成定时同步、载波同步、多模式解调与数据的恢复等处理。发送部分刚好相反，由发送数字信号处理单元把发送数据 I、Q 两路送入上变频器，再由数字上变频器完成数据的多模式调制、内插滤波、成型滤波等处理，同时把信号搬到合适中频，最后对数字中频信号进行 D/A 转换和中频放大后，将中频模拟信号发送到射频发射机。

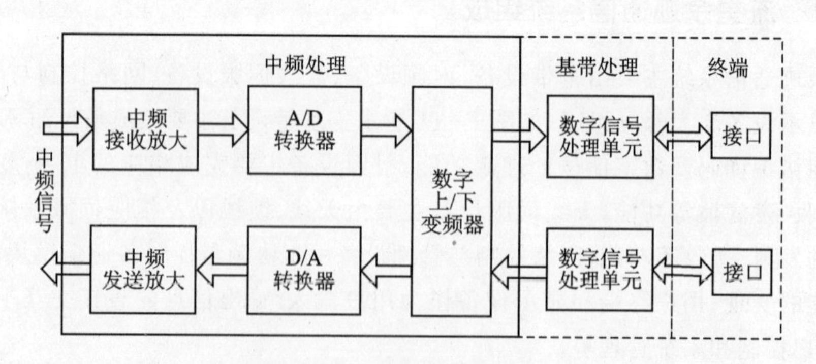

图 1-12　基带设备系统结构

1) A/D 与 D/A 转换器

在基带设备中，A/D、D/A 转换器主要完成模拟信号向数字信号的转换和数字信号向模拟信号的转换任务。根据无线通信设备的设计原则和发展趋势，A/D 和 D/A 转换器应该尽量靠近射频前端，以减少模拟设备的数量和环节，在较高的中频，乃至对射频信号直接进行数字化。这就要求 A/D 转换器具有适中的采样速率和很高的工作带宽。为适应错综复杂的电子环境，A/D 转换器除了要有高速度、大带宽外，同时还需要有大动态范围。

2) 数字上/下变频器

数字下变频器的组成主要包括数字混频器、数字控制振荡器和低通滤波器等部分，其运算速度会受到 DSP 处理速度的限制，同时也决定了其输入信号数据流可达到的最高速率，相应的也限定了 A/D 转换器的最高采样速率；数字下变频的数据精度和运算精度也影响接收机的性能，所以必须进行优化设计；数字上变频器的主要功能是对输入数据进行各种调制和频率变换，即在数字域中实现调制和混频，从而将基带信号变成数字中频信号，为下一步进行的中频 D/A 转换做好准备。随着电子元器件的不断发展，当前的数字上变频器不仅能够完成上变频任务，还能够通过可编程配置实现多种调制方式，完成整形和内插滤波、定时和载波数字振荡器，以及 D/A 转换器的功能。

3) 数字信号处理单元

在基带设备中，数字信号处理单元是实现信号处理和控制功能的核心模块，是整个基带系统的关键。数字信号处理单元主要实现信号的调制/解调、同步与捕获、编码/解码、检测估计和均衡处理等主要功能。随着微电子和数字信号处理技术的不断发展，基带系统的所有功能都将逐步在数字信号处理单元中实现。图 1 - 13 给出了一个基于 DSP、FPGA 和 ARM 的典型流星余迹通信系统数字信号处理单元功能组成框图。根据信号的流程，基带信号处理单元可分为接收部分和发送部分。

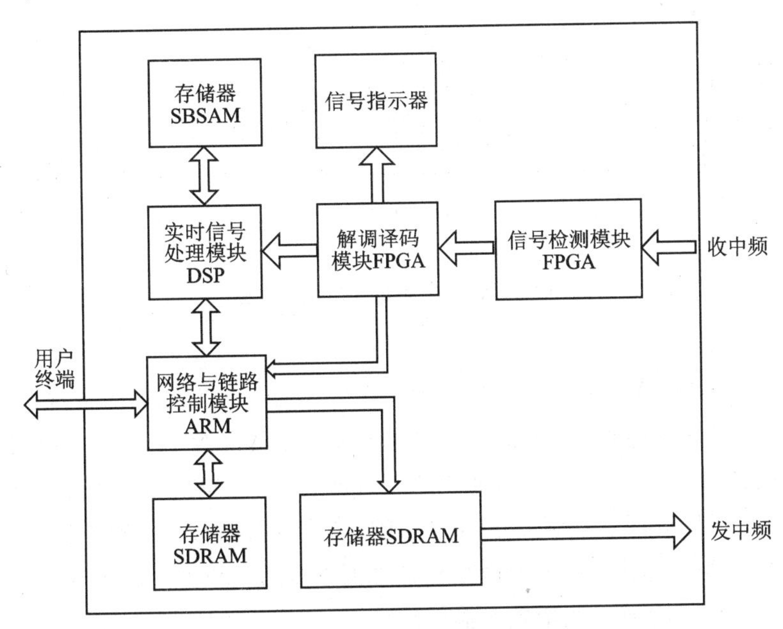

图 1 - 13　数字信号处理单元功能框图

(1) 接收部分。从 A/D 转换器接收到的数字中频信号通过数字下变频器后，转换成数字基带信号，经过匹配滤波后，被送入信号检测模块，得出实时信道参数，将其作为自适应变速率方式调整的基本依据;同时,将经过信道检测之后的数字信号送给解调译码模块和实时信号处理模块,这些模块的作用主要是对接收信号进行同步、解调、解码等,并进行相应的链路层和网络层处理,如对信号进行 ARQ 控制和解帧等操作,最终将接收到的数据信息送入用户终端。

(2) 发送部分。用户数据通过终端接口送入基带数字信号处理单元,经过数据单元配置寻址后,被组帧发送到调制编码模块完成基带信号的调制编码任务。在这个过程中,流星余迹信道参数将被反馈用于对调制、纠错编码和路由选择等操作进行实时参数配置,以实现基于流星信道状况的自适应变速率传输。经过数字信号处理后,发送信号将依次通过数字上变频器和 D/A 转换器完成基带信号的发送准备工作,最后通过射频系统完成信号发射。

2. 射频设备

流星余迹通信系统的射频设备主要由射频收信机、射频发信机、通道滤波器、功率放大器、天线与伺服设备等部件组成。一般来说,射频系统的主要功能是实现系统信号在基带系统和信道之间的实时转换。下面将分别介绍射频设备的各组成部件。

1) 射频收信机

射频收信机主要完成对天线接收到的流星余迹信道反射回来的微弱信号进行放大、滤波、下变频和自动增益控制(AGC)等功能,使其成为基带系统能够正确解调和接收的信号,从而完成信号接收过程。若系统采用频分双工方式时,双工滤波器是必需的,其主要作用是收发隔离和干扰抑制,应当具有通道隔离度高、通带插入损耗小,发射功率的谐波抑制度高等特点。图 1-14 所示为射频收信机的基本组成结构框图,图中虚线框内的部分为射频收信机系统。

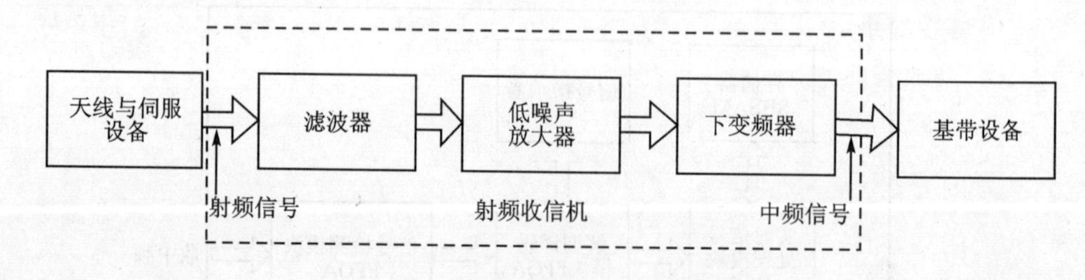

图 1-14　射频收信机组成框图

2) 射频发信机

射频发信机主要对基带系统送来的中频已调信号进行上变频、放大和发送滤波等处理,以产生适合在流星信道传输的射频信号。其中滤波器也是必需的,其主要作用是收发隔离和干扰抑制,同样应具有隔离度高、通带插入损耗小、发射功率的谐波抑制度高等特点。在时分双工方式下,因为不存在收发信道干扰,所以对滤波器的要求相对较低;在频分双工方式下,由于收发信道之间干扰的原因对滤波器的要求较高。图 1-15 所示为射频发射机组成框图,图中虚线框内的部分为射频发射机系统。

3) 通道滤波器

通道滤波器是用来选择性地通过或抑制某一频段信号的设备。它对某个或者几个频率范围内的信号给予很小的衰减,使其能够顺利通过;对其他频带内的信号则给以很大的衰

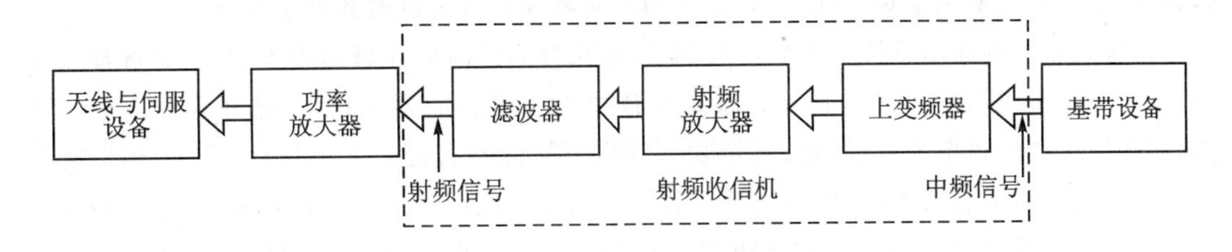

图1-15　射频发射机组成框图

减，从而尽可能阻止这部分信号通过。在流星余迹通信系统中，由于为了提高流星余迹的利用率，必须使用大功率信号进行发射，因此对滤波器的矩形系数和插入损耗要求比较高，防止出现对相邻频带的较强干扰以及发送信号功率利用率较低的情况。

4）功率放大器

功率放大器是将直流输入功率转化为射频/微波输出功率的电路。它是发射机的末级，将已调的频带信号放大到所需要的功率值，送到天线中发射，保证在一定区域内的接收，即可以收到满意的信号电平，并且不干扰相邻信道的通信。在流星余迹通信系统中，功率放大器对系统性能的提高有着举足轻重的作用。由于特殊的信道传播机制，如果能够提高发射信号的功率，不仅能够与常规通信方式一样，提高接收信号的信噪比，而且还要与常规通信方式有所不同，即由于发射功率的提高，还能够显著提高流星余迹的利用率，从而进一步提高信道容量，增加系统数据通过率。因此，在流星余迹通信系统中，功率放大器必须能够服从以下基本要求：

(1) 输出功率尽可能大。为了获得大的输出功率，要求输出电压和输出电流均有较大的幅度，即晶体管处于大信号状态（往往在接近截止区与饱和区之间摆动），因此晶体管在尽限应用。选择功放管时要保留一定的余量，不得超越极限参数，以保证功放管安全可靠地工作。

(2) 非线性失真要小。功率放大器是在大信号下工作的，所以不可避免地要产生非线性失真，而且同一功放管输出功率越大，非线性失真越严重，这就使得输出功率与非线性失真成为一对主要矛盾。

(3) 功率效率要高。由于功率放大器的输出功率大，因此直流电源消耗的功率也大，这就存在一个效率问题。所谓效率就是最大交流功率 P_0 与电源供给的交流功率 P_e 的比值，即 $\eta= P_0/P_e$，比值越大，放大器的效率就越高。

(4) 要充分考虑功放管的散热。在功率放大器中，电源供给的直流功率，一部分转换成负载有用的功率，而另一部分则成为功放管的损耗，使功放管发热，热的积累将导致晶体管性能恶化，甚至烧坏。为了使功放管输出足够大的功率，还要保证功放管安全可靠地工作，因此功放管的散热及防止击穿等问题应特别给予考虑。

5）天线与伺服设备

在流星余迹通信系统中，天线与伺服设备（简称天伺设备）主要用于对高频电流形式的能量与同频的电磁波能量之间的转换，并且发射传输信息的电磁波，以及接收被流星余迹反射和散射的电磁波。天伺设备主要由天线和伺服系统两部分组成，其中天线是其主要功能体,而伺服设备主要用于对天线高度、仰角和方向等参数进行机械和电子控制。

作为流星余迹通信系统的重要组成部分,在选择天线时要注意两个方面:一是选择天线类型,即所选天线的方向图是否符合系统设计中电波覆盖的要求;二是选择天线的电气性能,即选择天线的频率带宽、增益、额定功率等电气指标是否符合系统设计要求。当发射天线和接收天线的增益增大时,能够用于反射信号的微弱流星余迹的数目就增多;但高增益天线的方向性较强,方向图的主瓣如果变窄,被天线"照射"的空间区域就缩小,会使反射电信号的流星数量减少。可以看出,天线增益与流星余迹通信性能的关系是一个开口向下的二次函数,因而在选择天线时不能只追求高增益,而要使得系统性能达到最大。在国内外现有的流星余迹通信系统中,主要使用的天线类型有双极性天线、八木天线、对数周期天线、环天线等。

3. 网络控制与管理设备

在流星余迹通信系统中,网络管理和控制功能可以由计算机或独立的网络管理控制模块来实现。通过不同的软件模块实现系统的应用层、传输层、网络层的功能及网管代理功能。各个模块的具体功能如下:

1) 网络管理模块

该模块主要负责对流星余迹通信传输网络系统的网络配置、设备状态、故障告警等进行管理。通过运行在相应平台上的网络管理软件实现统一的网络管理、频率分配,并向上级网络管理中心提供运行情况报告。

2) 协议转换模块

该模块主要完成网络管理与控制单元、基带系统之间的接口协议转换。网络管理与控制单元根据基带系统发来的数据,按规定的接口协议将所含的数据信息或状态信息提取出来,分别送到数据处理模块或用户终端显示单元进行处理和显示。同时,网络管理与控制单元将输入的数据信息或控制指令由数据处理模块或设备控制模块处理后,交由协议转换模块进行协议封装,按规定的接口协议发送到基带系统。

3) 数据处理模块

该模块主要完成消息发送和接收处理,通信过程异常中断的处理,具有自动寻址、存储等功能。具体而言,在发送方向上,数据处理模块首先根据应用层用户端的要求对需要发送的数据进行组帧打包操作;然后对所有准备发送和要求转发消息的优先级和目的地址等进行识别和排队,根据优先级别排列发送的先后次序和路由表决定通信的站点地址;最后通过协议转换模块进行协议封装和处理后,再送到基带系统进行发送。在接收方向上,数据处理模块从基带系统接收到经过解调、译码等处理的网络层数据帧,首先根据帧头信息判断是否为本站数据。若为本站数据,则经过拆帧操作,将数据信息交给应用层数据终端使用;若判断为其他站点的数据,再根据地址信息位将该数据帧转交给发送端队列准备转发。

4. 用户终端与显示设备

在流星余迹通信系统中,用户终端与显示设备一般为计算机,主要完成设备控制、状态查询和用户交互等功能。当然,该单元也可以由独立的用户终端显示设备来实现。主要通过不同的软件模块实现系统应用层的用户终端的交互功能。各个模块的具体功能如下:

1）状态查询模块

主要完成设备参数和状态的查询。该模块根据网络管理与控制单元中的协议转换模块送来格式化数据，从中提取所要显示的状态或参数信息，并将这些信息交给用户界面模块进行显示。

2）设备控制模块

主要完成设备参数的设置。该模块根据所要设置的参数生成格式化的数据，并将这些数据交给网络管理与控制单元被发送到基带设备。所需设置的参数包括：接口属性设置、路由表、信息存活时间、ID站号、速率类型、收发频率、功率等。

3）用户交互界面

界面设计力求交互方便、直观易懂，尽量保持主要特征突出。用户输入信息尽可能简单，有效防止用户出错。在界面上应有清楚的提示和帮助，当用户不清楚如何使用该程序时，能够根据提示和帮助顺利完成所需要的操作。

1.3.2 流星余迹通信的通信方式及工作过程

1. 流星余迹通信的通信方式

流星余迹通信采用的通信方式有三种：点对点、点对多点和组网方式。

1）点对点方式

点对点方式是一种最基本的通信工作方式，系统由远离的两个站点和流星余迹信道组成。通信双方的地位是对等的，这两个站点的功能是相同的，又称为平衡方式。数据信息的传输既可以双向同时进行，也可以单向进行。

2）点对多点方式

点对多点方式是一种常用的通信方式，如图1－16所示。系统由一个主站（中心站）和若干从站组成。通信只能由主站发起，从站响应。数据的传输只能单向进行，但数据传输的方向既可以由从站到主站，也可以由主站到从站。广播是点对多点方式的特例。为了提高数据接收概率，所有从站应该配置在流星余迹散射或反射信号的同一接收区域内。

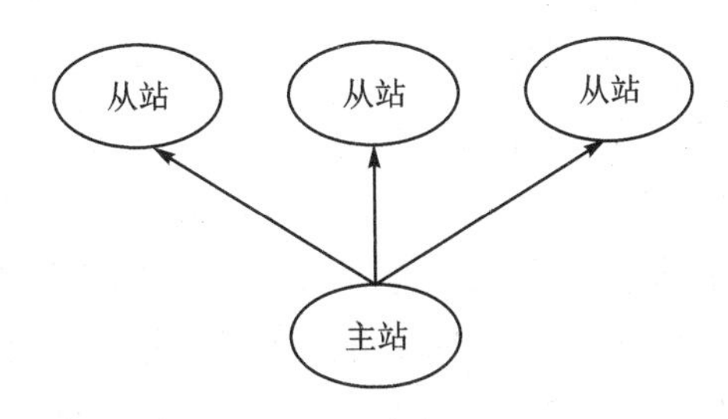

图1－16　点对多点通信方式

3）组网通信方式

组网通信方式如图1－17所示，主站之间构成栅格状网，采用全双工通信协议，主站与所属从站组成星形网，采用双向通信单向数据传输协议；从站之间通信经过主站自动中转。另外，由于新型栅格网络具有栅格冗余连接，迂回路由和多路由通道功能，可使网络迅速配置，从站多方入网，从而使流星余迹通信网的抗毁性、灵活性和隐蔽性大大提高。

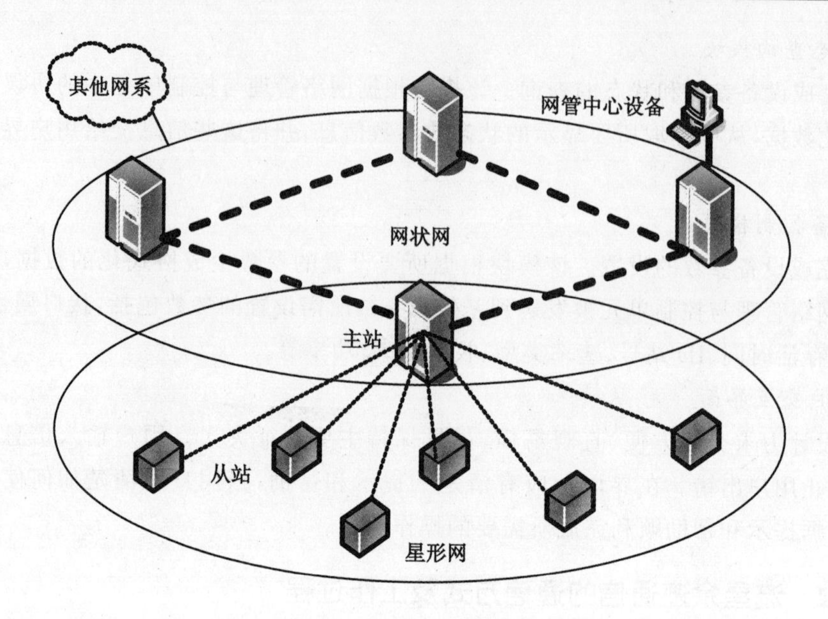

图 1-17　组网通信方式

流星余迹通信系统有无线收发信机、天线、自动控制设备和收发信息存储设备。当通信线路上出现流星余迹并且信道探测信号电平高于接收门限值时，自动控制设备就接通收发信息存储设备，使信息快速地分批传送。系统包括一个或多个主站和多个从站。主站可以与一个从站或另一个主站进行通信。从站只能和一个主站通信。从一个从站到另一个从站的通信必须经过至少一个主站进行中继。一旦检测到一个可用的流星余迹，且确定其属性后，在一个高速突发的余迹中就可以传输一定数量的数字信息。主站发送一个探测信号，网络中的另一个站接收探测信号用来确定是否有可用的流星余迹出现。一旦另一个站接收到探测信号，它就向主站发送一个包含可用的流星余迹出现和已经准备好交换数据的应答。这种“握手”占用了流星余迹有用寿命的很大部分，在一个流星余迹的持续时间内，每次数据突发传输经常要握手几次。为了提高系统的可靠性，这种交替握手就牺牲了一些数据速率。

2. 流星余迹通信的工作过程

流星余迹通信的基本过程可分为探测、建链、传输、拆链、等待 5 个工作状态，如图 1-18 所示。由于流星余迹是随机的时变信道，一般采用突发的工作方式。工作站通过持续发送探测序列或探测帧来实时探测可用余迹的出现，一旦可用的流星信道建立，则迅速开始信息的传输。与常规通信方式不同的是，流星余迹通信的建立和维持需要依赖可用余迹信道的出现，在通信中通常采用接收信噪比的门限判决，即若通信站接收信噪比低于预设门限值，系统认为收到的是噪声信号，不传输有用信息；若高于预设门限值，则按照设定速率传输包含有用信息的数据。

探测状态：为了随时探测可能出现的可用流星余迹，发端发射机（至少是一端）经天线向路径中点 80～120 km 的高空连续发送探测信号，收端接收机也连续检测接收信噪比的变化，并将待传送的报文送入存储器。

建链状态：当接收信噪比超过预设门限值时，系统立即转入建链状态。通信双方经过短暂的握手和交互之后，发端迅速取出发送存储器中的报文信息，开始传输。

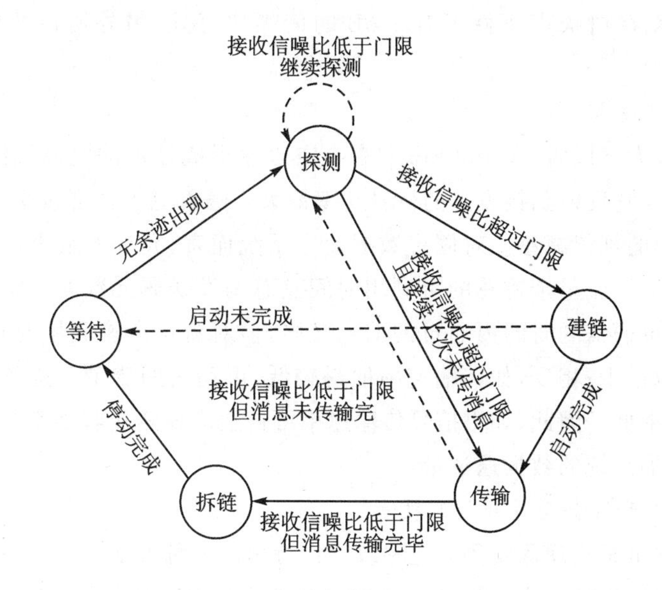

图1-18　流星余迹通信工作过程

传输状态：发端发送的射频信号经过流星余迹信道传输到接收端，经接收机解调、解交织、译码等处理后，存入接收存储器，并进行组帧、恢复完整报文等。依次执行，直至信噪比下降到门限值以下为止。

拆链状态：当流星余迹信道无法支持通信时，系统经过一短暂的停动过程，由传输状态返回到等待状态。

等待状态：当通信双方没有进行通信时，系统处于等待状态。一般情况下，等待状态很短，系统也可以根据实际情况不经过等待状态而直接进入探测状态，继续进行下一可用流星余迹探测。

流星余迹通信过程是与自适应变速率传输相结合的，系统会根据接收信噪比的大小来确定相应的传输速率。在通信中断期间，工作站还要不断地发送探测信号来检测流星信道条件的变化，并根据这种变化来控制信息传输的启动和停止。

1.3.3　流星余迹通信的关键技术和发展趋势

1. 流星余迹通信的关键技术

1）调制方式

调制方式的选择对流星余迹通信系统的性能有很大影响。早期的流星余迹通信系统多采用FSK调制，突发数据传输速率不高于2.4 kb/s。FSK信号的解调比较简单，尤其在用曼彻斯特码进行FSK调制时，有同步捕获迅速的优点；因为流星余迹的持续时间比较短，要求用在传输信息以外的捕获，同步上的时间愈少愈好，一般希望不大于10 ms。随着技术的进步，对数据速率提出了更高的要求，现在大多使用移相键控(PSK)。常用的有二进制移相键控(BPSK)、四相移相键控(QPSK)、正交幅度调制(QAM)、相位连续最小移频键控(MSK)。对这类信号的解调一般都需采用相干解调方式，因此增加了设备的复杂性；但一般讲，PSK 比 FSK 在白噪声条件下有 3 dB 的信噪比好处，另外所占的信号带宽也相对较窄。

2）自适应变速技术

流星高速进入大气层时，在 100 km 左右高空迅速形成柱形的电离气体余迹，这时余迹的电子密度最高，经它反射到接收点的信号功率最大。随着电子密度按指数规律下降，接收信号功率也按相同的规律减小。对固定数据速率系统而言，允许的最小可接收信号的功率是一定的，因而对一个流星余迹总的可利用时间及总的发送码元数就一定。如果传输速率取得较高，虽然在可通信的时间内通过的信息较多，但对流星余迹利用的时间较少，而且可利用的流星余迹数也少；相反，如传输速率取得较低，可利用的流星余迹及余迹可利用的时间就多，但传输效率低。因此，如果信号传输速率可自适应地随接收功率的强弱在一定范围内变化，就可以增加系统的数据通过量。

3）编码自适应和混合型差错控制技术

改变编码速率也是实现固定码元速率改变比特率的一种方法。这种自适应变速方法往往和混合Ⅰ型或混合Ⅱ型自动反馈重传(ARQ)差错控制方法结合在一起。无论是变速混合Ⅰ型 ARQ 还是混合Ⅱ型 ARQ，它们的通过量与码长的选择以及变速级数的选择，均与余迹的初始强度和衰减速率有关。根据分析和实验，最佳变速Ⅰ型 ARQ 比固定速率Ⅰ型 ARQ 的通过量增加 25%～36%，一般变速Ⅰ型 ARQ 比固定速率Ⅰ型 ARQ 的通过量增加 15%～20%；而Ⅱ型 ARQ 比一般变速Ⅰ型 ARQ 的通过量增加约 13%。

2. 流星余迹通信的发展趋势

流星余迹的随机性、间歇性是限制流星余迹通信应用范围的主要因素，因此，长期以来传输数据的通过量和实时性一直作为流星余迹通信的重要研究问题。20 世纪 90 年代初在以下几方面技术有所突破，使流星余迹通信的面貌焕然一新。

(1) 高增益、多波束天线。如前面所提到的，利用流星余迹进行通信时，天线如对准大圆路径，就要求余迹和地面平行，这样才能满足入射线和反射线与余迹之间的镜面反射条件；但实际上这样的机会是极少的，因此天线应偏离大圆路径一个角度。根据测试结果，如通信两站位于东－西方向，天线偏南或偏北不同角度时，流星余迹的出现率是不同的，而且随时间的变化规律也不相同。如用强方向性的八木天线就不能使天线总是对准流星出现率最大的方向。而现在的主站天线采用由 N 个天线组成的天线阵，接收和发射天线都是多波束的。天线合成波束的方向和宽窄可以自适应调整，当检测到流星出现时就自动调整收发波束达到最佳接收状态。

(2) 自适应变速技术。目前离散变速速率最大已可达到 4～128 kb/s，使得平均数据速率从以前的 100 b/s 增加到 2 kb/s。采用可移动的小型高增益环形天线并配以自适应调谐技术，经调谐后有效带宽窄，减少了噪声干扰，适用于车载流星余迹通信系统。

(3) 固态大功率发射设备。

(4) 高性能网络协议。它不仅能支持多主站系统的大面积覆盖网络，而且在解决碰撞、路由选择、优先级管理等方面都有很大改善。

(5) 流星余迹通信网。在 20 世纪 70 年代，流星余迹通信网是简单的数据收集网。主站发探测信号，从站收到后立即向主站发数据，数据速率为 2 kb/s。80 年代初，流星余迹通信主站实现了点对点全双工文件信息传送系统，速率为 4.8 kb/s，组成含几个主站及若干从站的通信网。主站和从站之间半双工通信，主站之间全双工通信，使用固定路由。80 年代末的现代流星余迹通信网则是由若干个主站构成的栅格状网。这种栅格状通信网中的通信站采用 2～64 kb/s 自适应变速调制解调器，具有先进的网络控制和管理能力，提高了网络的数据通过量、抗毁性和灵活性。在上述通信网基础上，今后将发展成为更先进的互联综合通信网。网络可由多个独立的子网组成，包括数据收集和数据通信功能，子网之间通过网关站连接。

由于这些技术的重大进步，使流星余迹通信突破了仅传输一些非实时、短数据分组的限制。目前，利用流星余迹通信传输话音的实验已获得成功。发送和译码 4 s 话音信息(9 600 bit)的时延平均为 12～15 s。除去信息输入、输出设备的延迟时间，实际流星突发链路平均时延为 7～12 s。传送一页传真图像的延迟时间平均约 1 min。传送一个压缩到 30 KB 的静止图像帧的平均延迟时间约 3 min。这样，使流星余迹通信可应用于各种商用和军用场合。小而坚固的高增益环形天线以及其他如消噪技术、移动组网中的覆盖和碰撞问题的解决，使流星余迹通信可以用于大范围的军用与民用车辆通信。

思考题

1. 流星余迹通信的基本原理是什么？
2. 流星余迹通信的特点有哪些？
3. 流星余迹通信的信道是如何分类的？
4. 流星余迹通信系统由哪些部分组成？
5. 流星余迹通信的工作方式分为几种？分别是什么？

第2章 OPNET仿真建模基础

通信网络仿真是指建立通信设备和通信链路的统计模型，运用仿真平台模拟通信网络传输，从而获取通信网络设计、分析和优化所需要的网络性能数据的技术。通信网络仿真可以为通信网络设计提供客观、可靠的依据，在通信网络建设、改造或升级上发挥着重要作用，已逐渐成为通信网络规划、设计和开发中的主流技术。OPNET 是用于通信网络仿真的主要平台之一，下面就 OPNET 软件组成、特点、应用及建模过程进行详细的阐述。

2.1 OPNET 简介

OPNET 是由 OPNET Technologies 公司开发的网络仿真软件，该公司的前身是 1986 年 MIT(Massachusettes Institute of Technology，麻省理工学院)两个博士创建的 MIL3 公司。1987 年，MIL3 公司将 MIT 的研究成果产品化，开发了网络仿真软件 OPNET Modeler，随后将其扩充、完善为 OPNET 产品系列，主要为用户进行网络结构、设备和应用的设计、建设、分析和管理提供帮助。从 20 世纪 80 年代以来，OPNET 得到了迅速的发展，已广泛应用于通信、计算机网络等方面，用户涵盖企业、网络服务提供商、网络设备制造商、院校研究人员及美国军方等。OPNET Technologies 公司也已发展成为全球领先的决策支持工具提供商，主要面向网络领域的专业人士，为其提供基于软件的预测解决方案。

目前，OPNET 产品系列主要包括 5 个产品，即 OPNET Modeler、ITGuru、SPGuru、WDMGuru 和 ODK。OPNET Modeler 主要面向研发，其宗旨是为了“Accelerate Network R&D(加速网络研发)”；ITGuru 用于大中型企业智能化的网络设计、规划和管理；SPGuru 相对 ITGuru 功能更加强大，内嵌更多的 OPNET 附加功能模块，如流分析模块(FIowAnalysis)、网络医生模块(NetDoctor)、多提供商导入模块(Multi - Vendor Import)、MPLS 模块等，是为电信运营商量身定做的智能化网络管理、规划以及优化平台；WDMGuru 是面向光纤网络的运营商和设备制造商，为其提供了管理 WDM 光纤网络，并为测试产品提供了一个虚拟的光网络环境；ODK(OPNET Development Kit)是一个更底层的开发平台，可以设计用户自定制的解决方案，定制用户的界面，并且提供了大量的函数，用于网络规划和优化。本书用到的是 OPNET Modeler，因此后面重点介绍 OPNET Modeler。

2.1.1 OPNET Modeler

OPNET Modeler 为 OPNET 产品系列的核心软件，提供了一个通信网络和分布式系统建模、仿真的集成开发环境，帮助技术人员设计和分析网络、设备和通信协议。OPNET Modeler 采用面向对象的建模方法和图形化的编辑器，反映实际网络和网络组件的结构，提供全面支持通信系统和分布式系统的开发环境，几乎涵盖了其他 OPNET 产品的功能。

作为一个功能较全的仿真工具，OPNET Modeler 软件十分庞大，不仅仅是一个系统仿真软件,同时它还为用户提供了开发专用仿真系统所需的模型设计、数据收集及数据分析等重要工具。OPNET Modeler 的主要组成如图 2-1 所示,包括仿真内核、用户定义的处理模块、网络编辑器、探针编辑器、动画工具和分析工具。

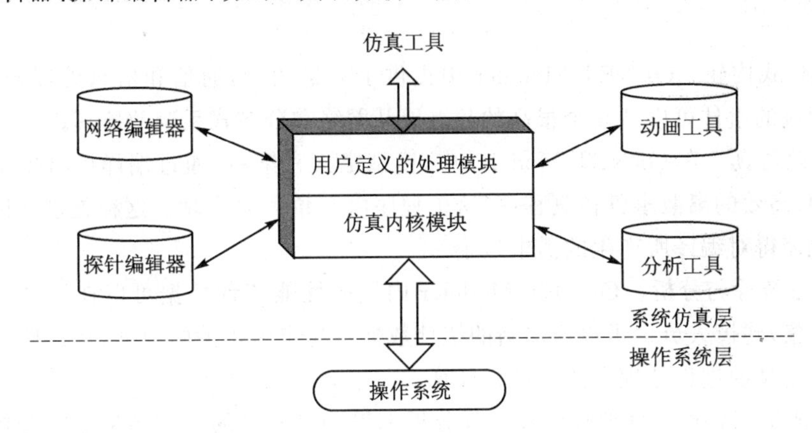

图 2-1　OPNET Modeler 仿真软件组成

各个模块的功能如下:

(1) 仿真内核模块。该模块主要完成实际的仿真过程调度,如仿真进程的启动、时钟的推进和结果的统计等。该模块是整个仿真软件的核心,将其他几个模块有机地结合了起来,只有通过该模块,其他部分所做的工作才能发挥作用。

(2) 用户定义的处理模块。该模块提供了一个包括各类现有网络及设备的标准模型库供用户选择使用,同时允许用户根据不同的仿真需求开发不同层次的仿真模型,为用户实现仿真系统奠定基础。

(3) 网络编辑器。该模块主要实现网络的拓扑结构设计、网络设备参数配置和仿真结果输出设定等人机交互的相关功能。

(4) 探针编辑器。该模块用于设计仿真过程中所需统计参数,便于后期的数据统计和结果分析,用户可通过该模块自定义需要分析的仿真性能指标。

(5) 动画工具。该模块以动画方式显示实际仿真过程中的系统状态,不仅可以给用户展示一个直观、形象的网络仿真过程,还可以帮助用户观察实际仿真过程中系统的某些特定性质,如信息流的方向、卫星的覆盖轨迹等等。

(6) 分析工具。该模块为用户提供了对仿真数据和结果进行统计输出和图形分析的功能,是用户对整个仿真进行分析总结的依据。

由此可见,OPNET Modeler 为网络仿真和分析提供了强大的技术支持。其特点体现在:

(1) 面向对象。OPNET Modeler 中建立的系统都是由对象组成的,每一个对象都由多组属性配置而成;每个对象分别属于不同的类,类以行为和能力的方式来提供不同的特性。

(2) 层次化模型。OPNET Modeler 采用灵活的层次建模方式,这种层次性与实际通信网络中的实际结构自然平行,能支持所有网络研究相关通信设备和协议。

(3) 图形化操作。在任何可能的情况下,OPNET Modeler 中的模型都通过图形化编辑器来进行操作,这些编辑器提供一种直接的映射,实现从被仿真的系统到 OPNET Modeler

模型的定义。

(4) 灵活性建模。OPNET Modeler 提供一种灵活、高层次的编程语言，更充分地对通信和分布式系统进行支持，在这种环境中允许对所有通信协议、算法及传输技术进行真实的建模。

(5) 组件式构建。OPNET Modeler 中提供了大量的、与通信和信息处理相关的组件，利用这些现成的组件可以从一个很高的起点展开网络和分布式系统的仿真。

(6) 高效仿真。在 OPNET Modeler 中，模型定义完毕后，通过编译可将模型自动转化为可执行的、高效的离散事件仿真程序，这个程序由 C 语言来实现。这种先进的仿真构成和配置技术也使得对编译所产生的需求最小。

(7) 精细统计与分析。OPNET Modeler 内置的性能统计数据可以在仿真过程中自动进行数据收集，建模人员也可以增加新的统计数据及与应用相关的数据，且这些数据都可以通过用户自定义的进程处理方式来进行计算。

(8) 集成仿真处理。性能评估及协议分析都需要对大量的仿真结果进行分析，OPNET Modeler 提供了一个复杂的工具，用于完成统计数据的图形化显示，并可以对仿真输出进行处理。

(9) 交互式分析调试。OPNET Modeler 提供的所有仿真自动包含了对仿真程序运行分析的支持，这个功能通过一个复杂的交互式调试器来完成。

(10) 动画演示过程。在 OPNET Modeler 中可以通过参数配置使仿真程序运行时自动产生仿真系统的动画，显示不同的仿真层次以及数据随时间改变的过程，用户还可以开发自定义的动画。

(11) 互连实现共同仿真。将 OPNET Modeler 与一个或多个其他仿真器连接在一起，可以看出其他仿真器中的模型是如何与 OPNET Modeler 模型进行交互的。这些外部模型可以是任何形式的，比如可以是网络硬件，也可以是终端用户的行为模式。

(12) 通用编程接口。OPNET Modeler 提供了通用的编程接口，作为图形表示方式的替代，OPNET Modeler 模型和数据文件也可能通过编程接口来进行具体的定义，这对于自动产生模型或将 OPNET 与其他工具紧密结合在一起非常有用。

2.1.2 OPNET 主要应用

作为先进的网络仿真软件，OPNET 应用日益广泛。许多设备开发商、网络运营商都基于 OPNET 仿真软件进行了多项重大项目的研究。OPNET 应用领域众多，这里以仿真、网络管理、ATM 仿真、Aloha 协议开发、仿真无线通信网络参数以及基于地形的仿真等为例简要介绍一下 OPNET 的应用。

1) 仿　真

利用 OPNET 仿真不仅可以进行端到端的性能分析，还可以用于分析增加应用和用户对网络的影响、分析规划和伸缩的准确性、设计最优性价比的网络以及调整主要设备的相关预算等。

2) 网络管理

网络管理员不仅可以利用 OPNET 分析业务量增长、新的服务和用户，而且还可以利用它识别网络设备、服务器的瓶颈以及网络拥塞；另外，还可以利用它部署新网络和重定位服务器、分析租用线路的需求及使用情况、掌握服务质量(QoS)要求。

3) ATM仿真

OPNET仿真支持25 MB/s、155 MB/s、622 MB/s的连接速度；可以利用OPNET仿真ATM固有或集成的应用，仿真可支持不同的QoS类型。仿真过程中用户可定义或自动分配虚拟路径，允许用户研究蜂窝损耗、延迟变化以及识别网络瓶颈。

4) Aloha协议开发

协议开发中允许用户制定包的内部到达率、用户描述包的传送及收信机接收的包。在仿真开始时可对变量进行初始化，运行时当包到达时可对包进行统计，结束时可对收集的统计信息进行报告。

5) 仿真无线通信网络参数

可以利用OPNET仿真无线通信网络的无线电天线图、天线方位、发射功率、传输及传播延迟等，还可以用来仿真节点的轨迹、收信机噪声图、调制类型、收信机灵敏度、天线覆盖、卫星轨道、卫星盲区、大气影响等。

6) 基于地形的仿真

利用OPNET不仅可以预测在给定地形条件下的最佳频率，还可以预测给定方案的各种战术部署、调遣时的通信状态；针对给定地形条件，给出通信节点的部署位置的合理建议。另外，还可以对通信偶然性计划以及技术要求提出建议。

2.2　OPNET Modeler建模

OPNET Modeler采用层次化建模，其过程具有一般性。下面重点介绍建模的原理及过程(为简便起见，将OPNET Modeler简写为OPNET)。

2.2.1　层次化建模

OPNET的建模域包括网络、节点、进程及外部系统建模环境，分别表示了对应于真实系统中的某一层次模型。OPNET利用编辑器对每一类建模域中的模型进行定义，如表2-1所列。OPNET包括项目编辑器、节点编辑器、进程编辑器和外部系统编辑器四类编辑器，每一个编辑器处理不同层次的模型，将其合成为一体就构成了真实系统的总体模型。通过这样的层次化建模，OPNET可以解决在网络和分布式系统建模和分析中遇到的各种问题。

表2-1　OPNET建模域

域	编辑器	含　义
网络域	项目编辑器	以子网、节点、链路和地理背景来描述网络拓扑
节点域	节点编辑器	以功能要素和它们之间的数据流来描述节点内部结构
进程域	进程编辑器	利用有限状态机和扩展的高级编程语言来描述进程的行为(协议、算法和应用)
外部系统域	外部系统编辑器	与其他和OPNET仿真同时运行的仿真器模型之间的接口(共同仿真)

1. 网络域

网络域的作用是定义一个通信网络的拓扑结构，如图 2－2 所示，其定义了一种星形结构的网络模型。在 OPNET 中，通信实体被称为节点，每一个节点的特定功能是通过指定其模型来实现的，而节点模型通过节点编辑器来开发。为了便于建模分析，OPNET 并没有限制模型数量，一个网络模型可能会包括任何数目的节点模型，并且每个节点的类型可以不相同；此外，OPNET 提供了开放的策略，开发者可以开发自己的节点模型库，并可以作为网络模型的组成部分。

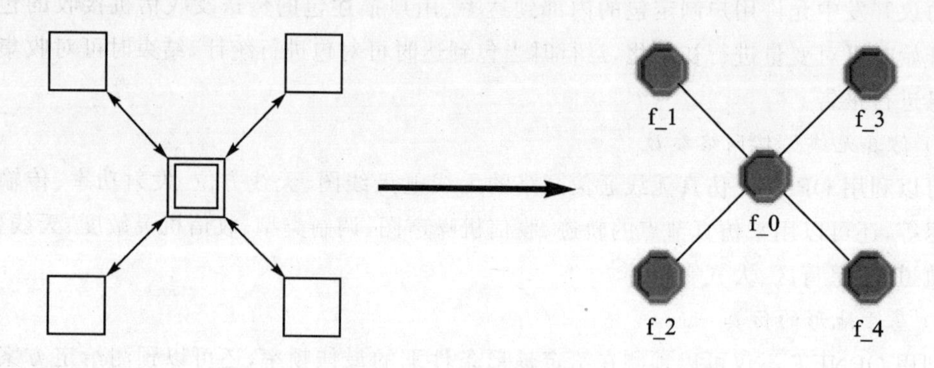

图 2－2　星形结构网络模型

项目编辑器为网络模型开发提供了一个图形化的工作环境。在项目编辑器中，可以选择世界地图或国家地图中的一个位置，为广域网中的元素，或为本地网络选择一个有尺寸标志的图形显示环境。除了为开发网络模型组件提供一个直观的环境，OPNET 还提供了一个内在的距离概念，在这个环境中可以自动计算节点之间的通信延迟。

在 OPNET 中，用于建立网络模型的基本对象是固定通信节点，固定节点通常指定了绝对位置，在通信仿真过程中，其位置不会改变。为实现移动和卫星通信仿真，OPNET 也提供了移动节点支持无线模块仿真。可以为移动节点指定预先定义的轨迹，从而指定仿真过程中移动节点的位置，在仿真运行中，这就相当于调用一个时间函数。类似地，卫星节点也可以指定轨道，从而来描述它们的运动。

为实现节点之间的通信和互连，OPNET 提供了点到点链路、总线型链路和无线链路三种类型的链路，如图 2－3 所示。在 OPNET 中可以通过编辑参数或在相应的链路模型中提供新的逻辑过程来定义链路。单工(一个方向)和双工(两个方向)的点到点链路，可以将节点成对互连；总线型链路则能够向一组固定节点提供广播通信；而无线模块向固定、卫星和移动节点增加通过无线链路互相通信的功能。相比较而言，总线和点到点链路都是作为确定的对象来建立模型的，也就是必须创建这个对象，而无线链路却是通过通信节点的特点动态计算的。

为了降低模型的复杂性，简化网络协议和寻址，许多大型网络都采用子网进行建模。一个子网是一组大型网络设备的子集，这样大型网络就可以被看作是由若干子网组成的网络。子网可以划分为若干层级，可以组成由子网组成的网络，甚至更多层次。在这种层次结构的底层，也就是最低一层的子网，仅由点和链路组成，不再是其他的子网。在 OPNET 的网络

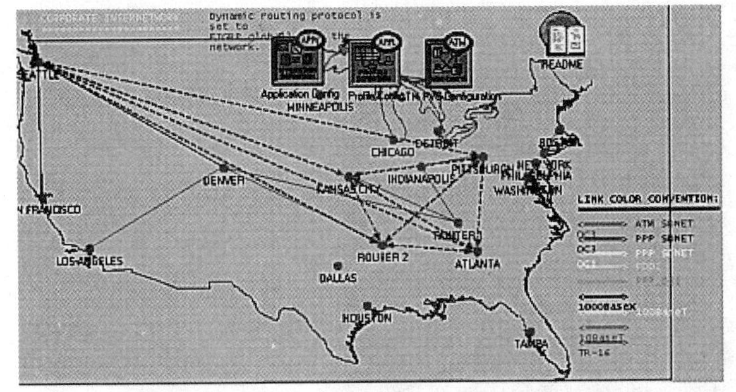

点到点链路

总线型链路

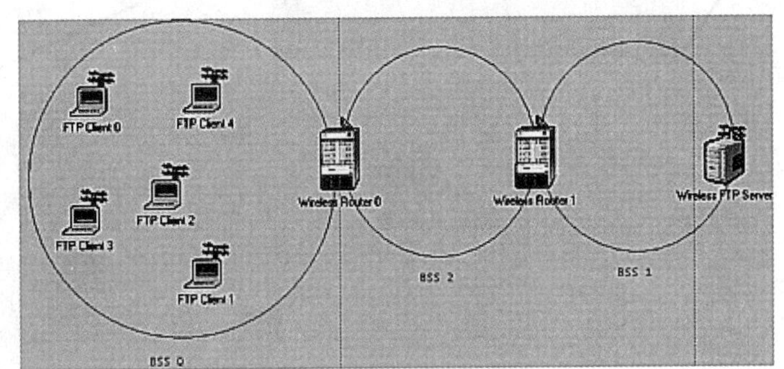

无线链路

图 2-3　网络链路模型

模型中，子网可无限制叠加，来创建更加复杂的拓扑结构。图 2-4 为具有两层子网的层次型网络，该图截取自项目编辑器，展示了使用固定子网来仿真层次性的网络。

2. 节点域

节点域提供对通信设备的建模，这些节点模型可以在网络层次进行设置并互连。在 OPNET 中，一个节点通常对应于多种类型的计算和通信设备，比如路由器、网桥、工作站、终端、大型机、文件服务器、快速数据包交换机、卫星等。

节点模型在节点编辑器中进行开发，其功能大部分都是预定义的，可通过一系列的内置参数进行配置。这些节点通常都包括发送机和接收机，这样节点就能在网络域内通过通信链路进行互连。其他模块，比如处理器、队列和外部系统，都可以编程实现，其行为通过指定进程模型来进行描述。

一个节点模型能够由任何数目不同类型的模块组成，在模块之间提供数据包流、统计连接线及逻辑关系线三种连接来支持模块之间的交互，如图 2-5 所示。数据包流描述格式化的数据包从一个模块传送到另一个模块；统计连接线在模块之间传送简单的数据化信号或控制信息，通常在一个模块需要监控另一个模块的性能或状态时使用；逻辑关系线表示模块之间的内在联系。数据包流和统计连接线都有参数，通过模块的行为来配置这些参数。逻辑关系线主要在发送机和接收机之间使用，来指明其作为一组连接到网络域的一个链路上。

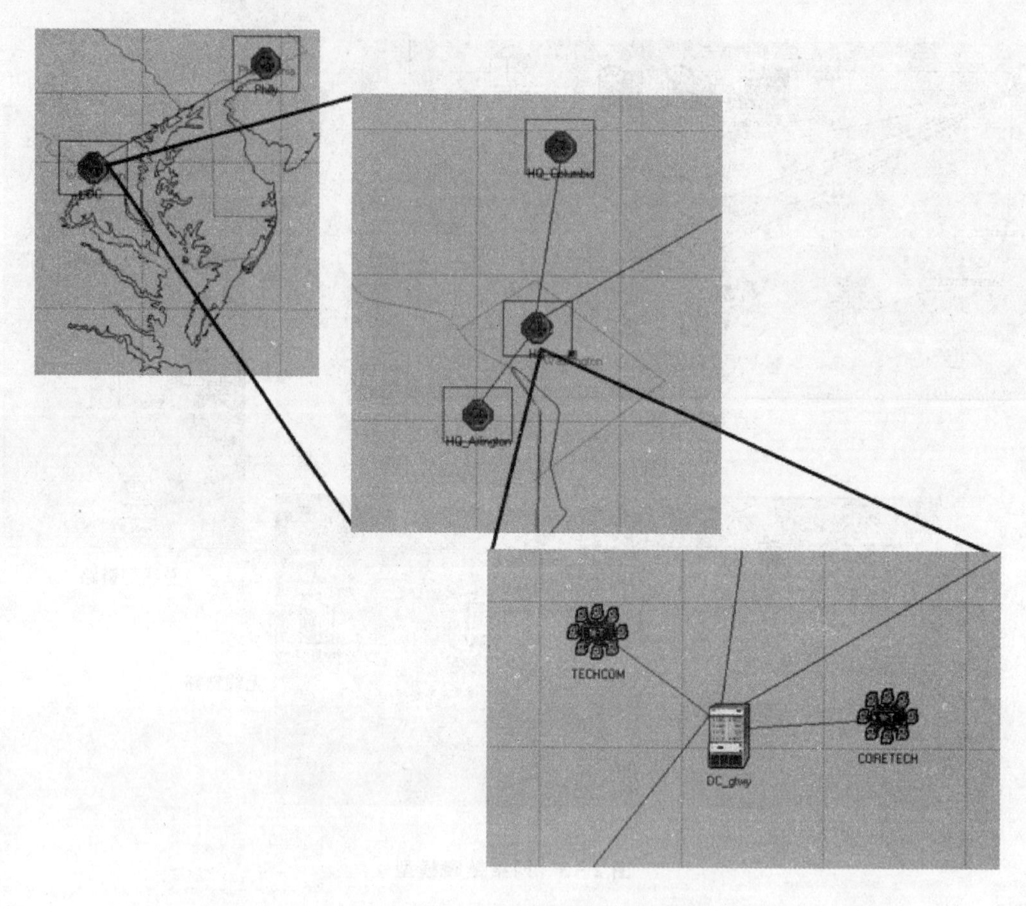

图 2-4　具有两层子网的层次型网络

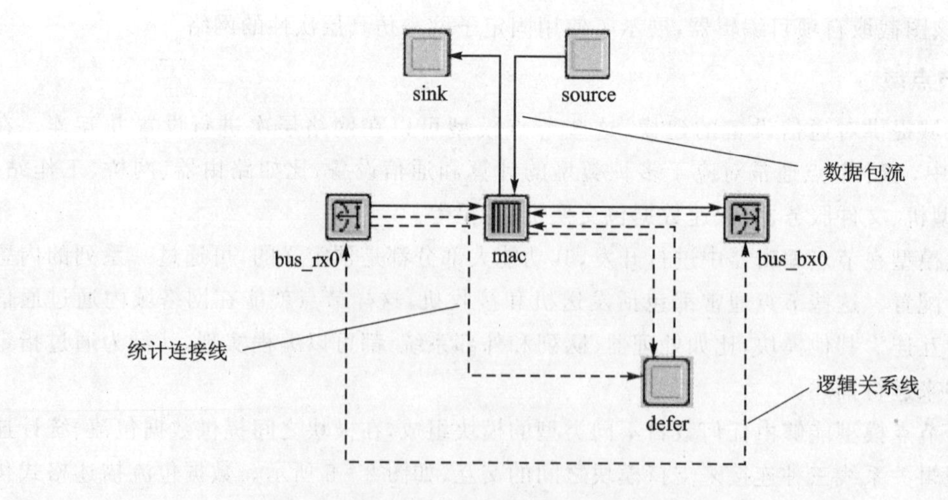

图 2-5　节点编辑器中模块关系

节点域选择的建模图示是用来支持一般的高层通信设备建模设计。对于仿真层次型的协议而言，这种方法最适用。在节点编辑器中，一个依赖于特定协议组的设计可以通过为这个组中的每一层次创建一个处理器对象，并在相邻的层次之间定义数据包流来实现。

3. 进程域

在节点域中已经指出，队列和处理器模块都是用户可编程的元素，是通信节点的关键元素，这些模块执行的任务叫做进程。因为它拥有一组指令并管理状态内存，一个进程与一个可执行软件程序是类似的。在 OPNET 中，进程是依赖于进程模型的，这些模型都通过进程编辑器来定义。进程模型与进程之间的关系与程序和一个特定的程序运行时段相类似，在这段时间内这个程序作为一个任务在运行。在项目编辑器中创建的节点是节点模型的实例，而节点模型是在节点编辑器中定义的。在每一个队列、处理器或外部系统模块中执行的进程也是一个特定进程模型的实例。

OPNET 的进程建模支持进程组的概念。一个进程组中包含多个进程，在同一个处理器或队列中执行。这个进程随后可以创建新进程，这个新创建的进程也可以创建其他的进程，以此类推。当一个进程创建一个进程后，从术语上讲，它本身就成为一个父进程，新的进程称为这个进程的子进程。在仿真过程中创建的进程叫做动态进程。

对于一个特定处理器或队列中创建的进程数目，OPNET 没有任何限制。进程可能通过正在执行的进程逻辑分析出的动态情况来创建或销毁。这个做法提供了一个非常自然的框架，用于仿真许多常见的系统。比如可以仿真多任务操作系统，父进程代表操作系统本身，创建的动态进程则代表新的任务。

任何时候只能有一个进程可以执行。只有当前处理的是进程模型中的指令时，才能认为这个进程在执行。当一个进程开始执行时，称为被激活。当前执行的进程可以激活它所在进程组中的其他进程，这样那个进程就可以开始执行。出现这种情况时，激活另一个进程的进程被暂时挂起，一直到被激活的程序被堵塞。一个进程堵塞就意味着它完成当前这次激活所需要完成的任务。被激活的进程堵塞后，激活它的进程从它停止的位置重新开始执行，其方式类似于 C 语言的过程调用机制。

OPNET 的进程编辑器使用支持协议和算法的开发来特别设计的 Proto－c 语言来表示进程模型。Proto－c 组合了状态转换图、核心过程的高级命令库及 C 或 C＋＋编程语言的一般工具。一个进程模型的状态转换图定义了一组基本模式或状态，对每一个状态而言，进程能够输入使进程转移到另一状态的条件。状态中发生的特定变化所需要的条件及到达的目的状态统称为转换。图 2－6 的例子显示了一个进程的若干种状态、状态之间的关系及相互之间转换条件。

4. 外部系统域

外部系统模块在描述节点域时就已经提到过，其实现了 OPNET 与其他仿真器通信的机制，并允许这些仿真器与 OPNET 仿真进行交互。这种交互，称为共同仿真，意思是两种仿真器在同步运行时可以交换数据。通常，节点中的一个模块实现的部分作用由 OPNET 外部的仿真器来实现。对于外部系统模块，进程模块控制 OPNET 与外部系统的交互。外部系统模型拥有处理器和队列所拥有的所有功能。

在 OPNET 中，各层级的关系可用图 2－7 来表示。对于 OPNET 仿真而言，一个外部系统就是一个黑箱。虽然 OPNET 能够向外部系统提供数据，也可从外部系统接收数据，但另一个仿真器在数据到达后则拥有绝对的控制权。

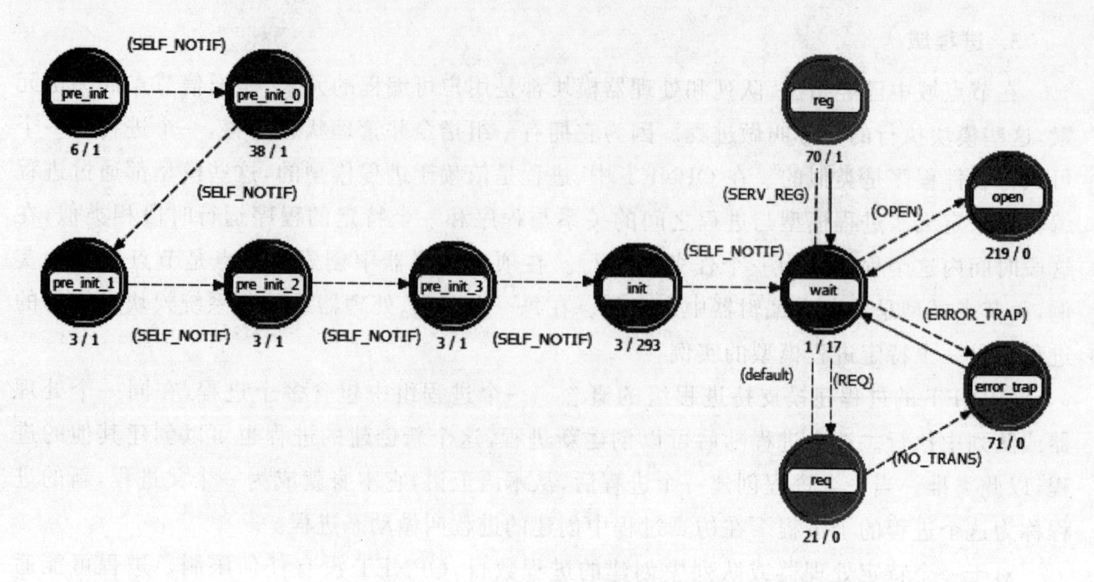

图 2-6　进程编辑器中的状态转换

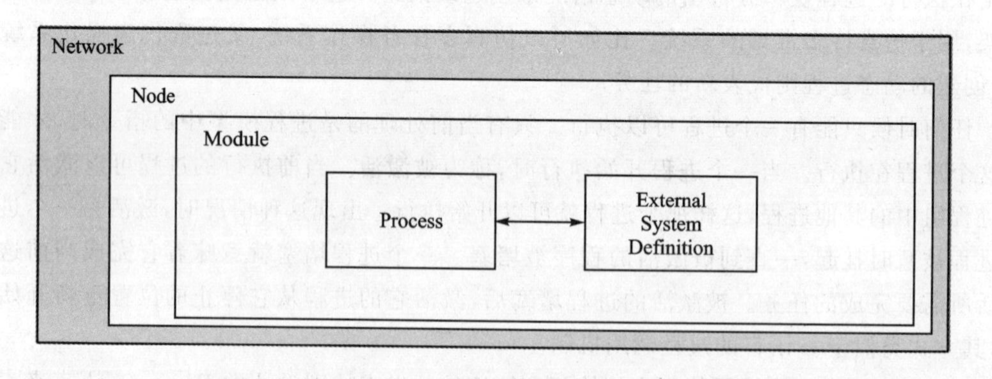

图 2-7　OPNET 模型层级关系

一个外部系统模块包括两个主要部分:外部系统定义和进程模型。

外部系统定义指定共同仿真如何建立并定义外部系统接口,这些接口将与外部代码之间交换数据,可以从外部系统中接收数据、向外部系统发送数据或者实现这两种功能。一个外部系统接口通常在任何时间包括一个值,OPNET 和外部代码都可以访问这个值,并且一个外部接口一次只能包含一个值,除非它被特别地指定多个元素,在这种情况下称为向量接口。一个向量接口可以拥有的值与它的元素数目相同。向量接口中的元素通过索引数目来指明,就像在一个数组中通过索引数目引用每一个数据的位置一样。

外部系统的进程模型将值放入外部系统接口中,也将外部仿真器放到外部系统接口中的数据读出,其作用就是外部代码与 OPNET 其他模型的接口。

2.2.2　离散仿真机制

OPNET 采用离散事件驱动的仿真机制。其中,“事件”描述了模型状态的变化或者做出的某种决策。也就是说,只有网络状态发生变化时,模拟机才工作,网络状态不发生变化的时间段不执行任何模拟计算,即被跳过。因此,与时间驱动相比,离散事件驱动的模拟机计算效率得到很大提高。仿真核心实际上为离散事件驱动的事件调度器，它对所有进程模块希望完成的事件和计划该事件发生的时间进行列表和维护。

1. 事件推进机制

如图 2-8 所示，事件调度器主要维护一个具有优先级的队列，它按照事件发生的时间对其中的工作进行排序，并遵循先进先出顺序执行事件。各个模块之间的通信主要依靠传递包的方式来实现。

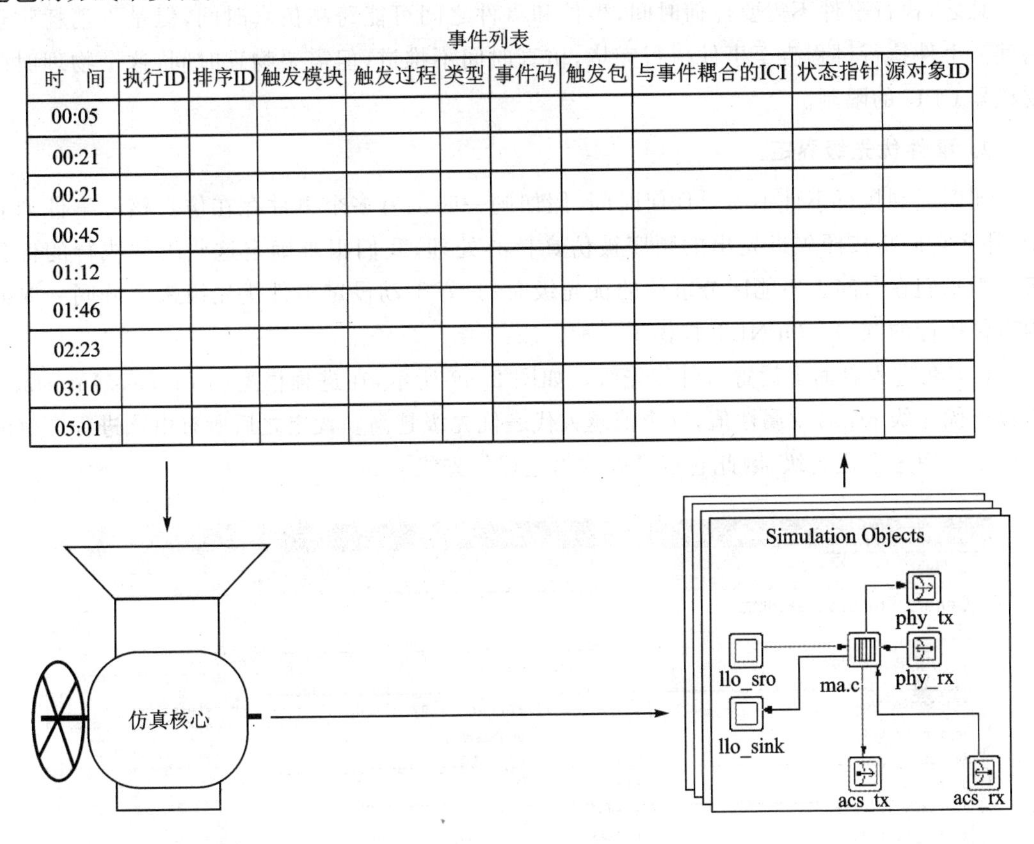

图 2-8　事件调度原理

OPNET 采用的离散事件驱动模拟机理决定了其时间推进机制：仿真核心处理完当前事件 A 后，把它从事件列表中删除，并获得下一事件 B（这时事件 B 变为中断 B，所有的事件都渴望变成中断，但是只有被仿真核心获取的事件才能变成中断，事件有可能在执行之前被进程销毁），如果事件 B 发生的时间 t_2 大于当前仿真时间 t_1，OPNET 将仿真时间推进到 t_2，并触发中断 B；如果 t_1 等于 t_2，仿真时间将不推进，直接触发中断 B。

仿真时间的推进随着事件的发生而单调递增。具体来说，在 0 s 时执行一个事件，机器运行 5 s，之后仿真核心接着触发下一个事件，随着这个事件的执行，系统的仿真时间推进到 5 s。在进程模型中，可以通过调度将来某个时刻的事件来更新仿真时间，例如当前时刻执行语句 op_intrpt_schedule_self (op_sim_time()＋仿真推进的时间 T，中断码)后，下一个事件的执行将使仿真时间推进 T s。在上例中，如果等于 0 s，则下一事件没有对仿真时间的推进作任何贡献。

有时可能会出现仿真时间始终停留在某个时间点上的问题，这肯定是由于程序的逻辑错误导致的。具体来说，在某个时刻循环触发事件，例如，在某个循环语句中执行了程序 op_intrpt_schedule_self (op_sim_time()，中断码))，这样仿真核心永远处理不完当前时刻的时间，因此仿真总是无法结束。仿真结束条件有两个：

(1) Event List 为空；

(2) 仿真时间推进到所设定的时间。

总之，执行事件不需要任何时间，事件和事件之间可能跨越仿真时间，但是不消耗物理时间。事件执行过程直至事件执行完毕，仿真时间不推进，但需要物理时间，这个物理时间受机器 CPU 的限制。

2. 事件优先级界定

前面提到执行事件不需要任何时间，假如同一时刻有多个事件存在仿真核心事件列表中，那么它们将按照先进先出的顺序被仿真核心处理，我们很难确定这些事件执行的优先级。当我们在时间上不能区分事件的优先级时，只好手动设定事件优先级来区分同一时间内事件执行的顺序。OPNET 提供了三种方法：

(1) 在进程界面上设置事件优先级。如图 2-9 所示，在进程模型的 Process Interfaces 中设定优先级 priority 属性值，这个值越大代表优先级越高。设定之后所有由该进程产生的事件都采用这个优先级，因此它也可以称为进程优先级。

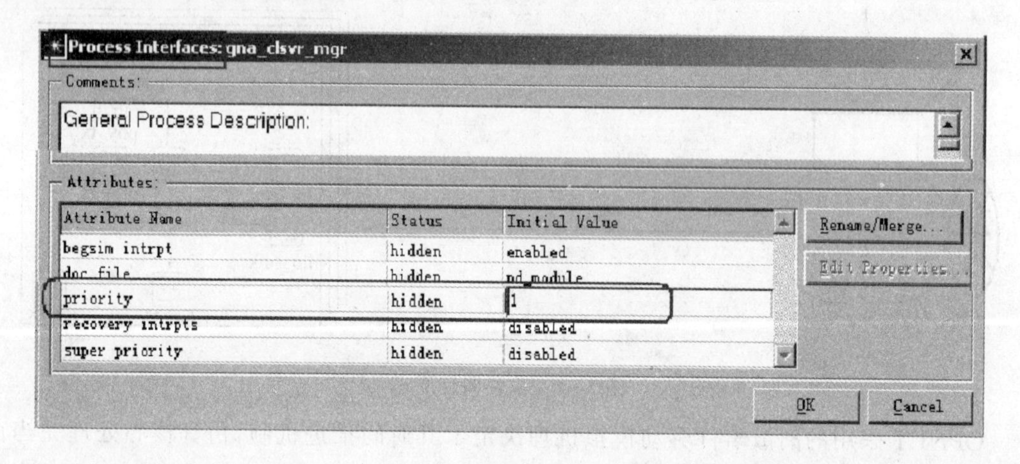

图 2-9　进程界面上设置优先级

(2) 编程指定特定事件优先级，通过编程实现 op_ intrpt_priority_ set(事件类型，事件代码，事件优先级)。

(3) 增加冗余的红色状态。这种方法在初始化时最常用到，也可以称为零时刻多次触发事件。

同一进程模型中某时刻多次触发事件有可能导致逻辑错误，但也是一种编程的技巧，一般用在多个协议需要协同初始化的场合。OPNET 中许多标准协议的进程模型都使用了该技巧。

图 2-10 为无线局域网 MAC 层接口进程模型(wlan_mac_interface. pr. m)。在“init”状

态中的入口执行代码中有语句 op_intrpt_schedule_self(op_sim time(), 0)，而出口执行代码中也有语句 op_intrpt_schedule_self(op_sim time(), 0)，两句零时刻调度语句和两个红色的非强制(unforced)状态(init 和 init2 状态)相抵消，因此 init2 状态看似冗余状态。其实不然，它起着为多个进程模块协同初始化的作用。

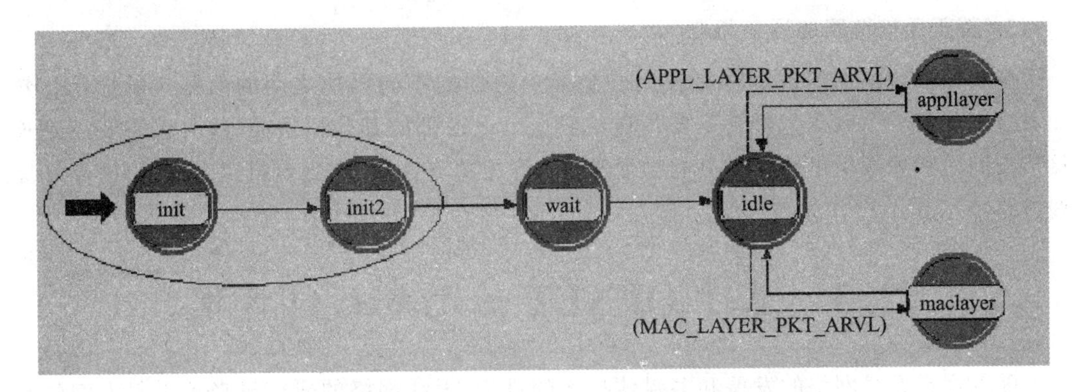

图 2-10　无线局域网 MAC 层接口进程模型

因为在仿真开始时(零时刻)，许多模块需要通过仿真核心触发仿真开始事件(begsim_intrpt)来进行初始化，然而有些模块的初始化依赖于其他模块初始化的结果。换句话说，它需要等待其他模块初始化完毕后才能进一步设置参数或作出某种决定。因为都是同一时刻的事件，仿真核心没有能力安排它们合理的顺序，因此通过引入冗余的非强制状态来界定同一时刻事件的发生顺序。

对于 OPNET 编写的标准 OSI 协议栈(application、teal、ip 等模块)，它们是一个整体，互相关联，缺一不可而且一般情况下不允许出现重复的协议模块。为了在仿真开始时验证协议栈的完整性和兼容性，仿真初始化时存在一个协议注册(register)和发现(discover)的过程。为了保证在协议发现之前其他协议模块都已完成注册，需要添加一个冗余状态，这样协议发现事件将发生在协议注册事件之后。

2.2.3　仿真通信机制

在 OPNET 仿真软件中，大部分的模型都可以归结为一个由若干相互通信的子系统组成的分布式系统。这些分布的子系统主要依靠特定的通信机制来传递诸如询问、请求、命令、信息等内容。子系统的通信既可以指同一个节点模型内的不同模块之间的通信，也可以指不同节点的不同模块之间的通信。OPNET 支持的通信机制有以三种：

1. 基于数据包的通信机制

OPNET 采用基于包的通信机制(SPL，Simulation on Packet Level)来模拟实际物理网络中包的流动，包括：在网络设备间的流动和网络设备内部的处理过程；模拟实际网络协议中的组包和拆包的过程，可以生成、编辑任何标准的或自定义的包格式；利用调试功能还可以在模拟过程中察看任何特定包的包头(header)和净荷(payload)等内容。

2. 基于接口控制信息的通信机制

基于接口控制信息(ICI，Interface Control Information)的通信机制类似于基于数据包的通信机制，并且ICI数据结构也类似于包数据结构；但它比数据包结构更简单，只包含用户定义的域，而不存在封装的概念。由于ICI通常是与事件关联的用户自定义的数据列表，因此它可以用在各种有关事件调度的场合，且比包的应用范围更广，如同一节点模型的不同模块之间、不同节点模型之间以及同一节点模型的相同模块内。

3. 基于通信链路的通信机制

基于数据包的通信机制都是在同一个节点内部的不同模块之间的数据包的通信。然而，在许多情况下，数据包最终是要传送给其他节点内部的其他模块的，这时就需要用到连接节点间的物理通信链路。常见的物理通信链路主要有三种：点到点链路、总线型链路和无线链路，2.2.1节已作详细介绍。

2.3 基于OPNET的无线信道建模

随着宽带无线网络的发展和多媒体技术的进步，无线网络的研究越来越引起人们的兴趣。特别是无线局域网(WLAN，Wireless Local Area Network)，由于联网方便、移动性和扩展性强以及费用相对低廉等特点，应用越来越广泛。

在无线环境中，由于噪声、干扰、多径和移动终端漫游等因素影响，信道状况随着时间变化很大。无线链路的仿真对被传输的包产生两个方面的效果，一个是包的时延，另一个是包的误码特性。无线链路仿真最终能够得到各种无线信道误码特性、数据成功率、数据服务质量和抗干扰能力等主要性能指标；但是无线链路不作为物理对象而存在，不存在独立的链路实体，而是一种广播媒介，每一传输都可能影响整个网络系统中的多个接收终端，所以仿真一个无线数据包的传输要考虑发射信道和所有可能接收信道的组合。无线建模的种种困难随着OPNET等网络仿真工具的诞生迎刃而解。

无线链路级仿真器与系统级仿真器的接口如图2-11所示。链路级仿真器向系统级仿真器提供了所需的输入参数，包括上行链路及下行链路的包信道传输延时和误码率特性。

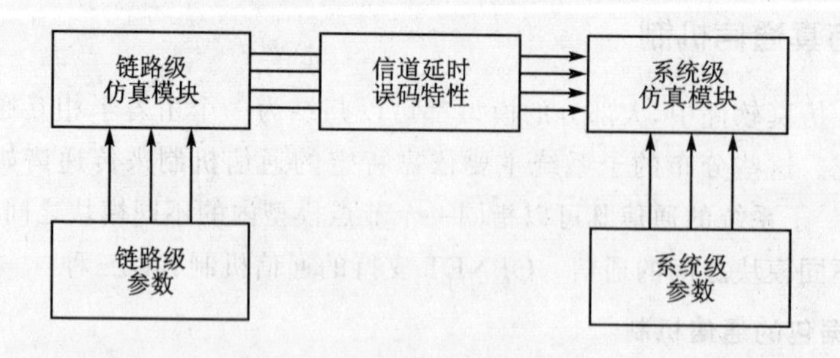

图2-11　链路级仿真器与系统级仿真器的接口

如果需要对物理层非常精细的仿真，光靠OPNET的管道建模(pipeline)机制可能达不到要求的仿真精度。例如对特殊的无线物理媒质传输特性的仿真，或复杂物理层通信协议的仿真。这时可以用Matlab、SPW和COSSAP等软件仿真链路层相关协议，然后通过接口将它们和OPNET联系起来。

2.3.1　无线信道建模

无线信道通过设定无线收发信机属性来模拟，如图 2-12 所示。可以建立多个信道，每个信道包括信道传输速率、支持封包格式、基本频率、带宽、功率和扩频码(spreading code)等属性。如果启用扩频码就直接设定一个 double 值，如果两个收发信机信道对的扩频码相同就可以互相通信，否则视为噪声。在仿真过程中，data rate 可以改动，因此 OPNET Modeler 10.0 版本将 802.11 MAC 物理层由原来的 4 个信道简化为 1 个信道。由于任何时候只有一个信道正在使用，所以只要动态设置所需的 data rate 即可。

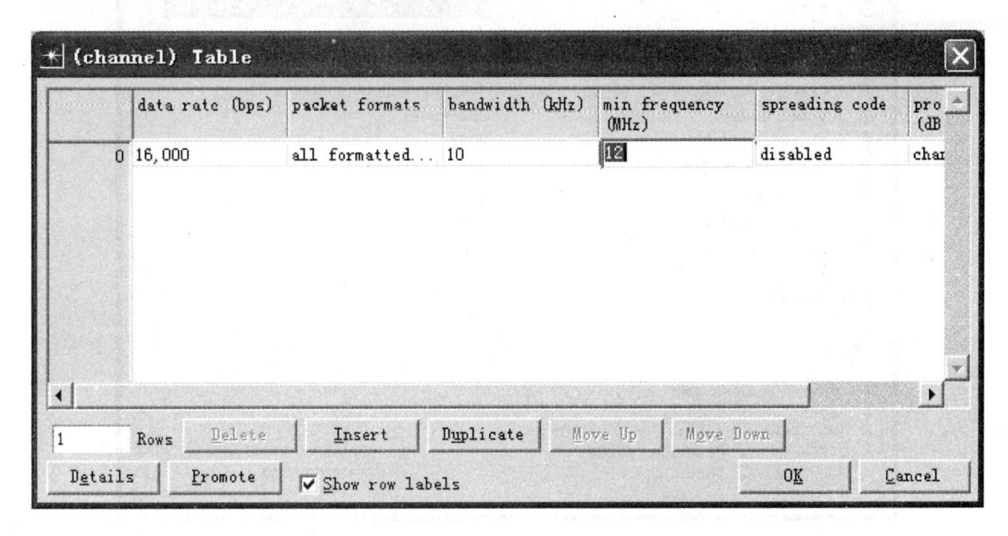

图 2-12　设定信道属性

接下来设定管道阶段(pipeline stage)模型，它们将计算物理层特性，最终目的是计算差错率并判断是否丢包。无线管道阶段共有 13 个，期间的任何数据都保存在封包的 TDA 属性中，后续的管道阶段就可以共享这些数据。包编辑器定义了指示包的主体部分(Packet Body)，而包的信息头记载了包的创建时间、Packet ID、Packet Tree ID 等信息，如图 2-13 所示。

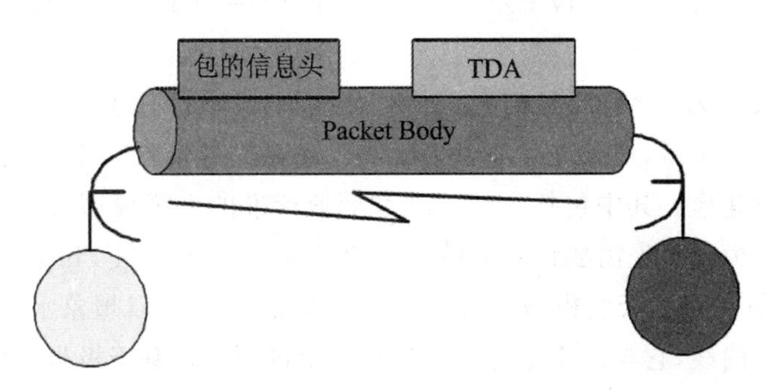

图 2-13　包完整的结构

对于任何可能的收信机信道，封包都被复制一次经历后续的管道阶段，接下来查看管道阶段的设定。如图 2-14 所示，打开发信机属性对话框，可以看到配置的几个管道阶段模型，如接收主询(rxgroup)、链路闭锁(closure)、信道匹配(chanmatch)、发送天线增益(txgain)、传播延时(propdel)。由于对每个可能的接收主询，发信机都将复制一份数据包去尝试是否能达到对方收信机信道，因此可以想象无线仿真的速度比有线慢得多。注意如果在 rxgroup 中没有将同一节点模块下的收信机隔掉，将发生自己对自己发送数据包的情况，这在逻辑上应该是避免的。

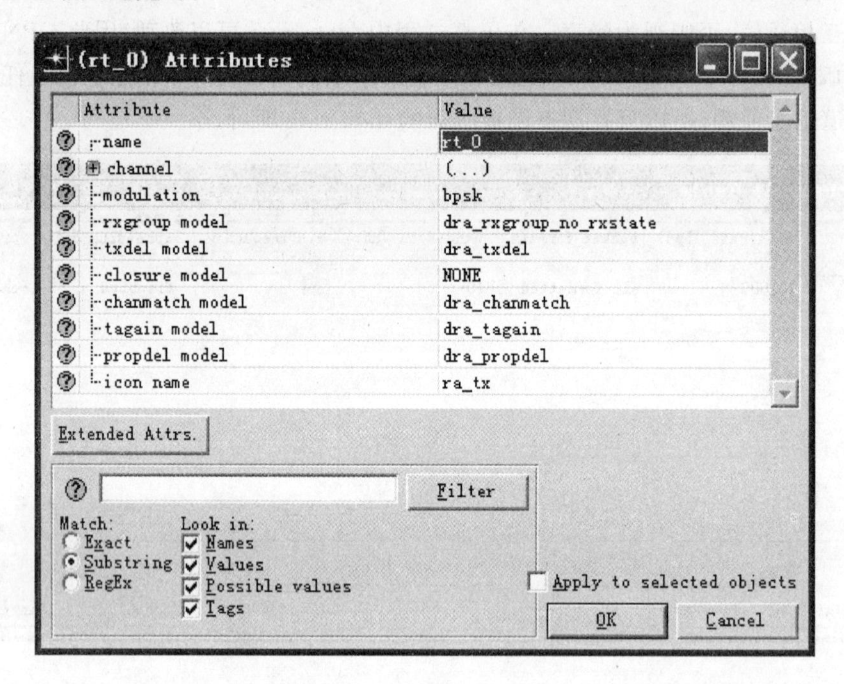

图 2－14　发信机的属性

接下来，打开收信机属性对话框，如图 2－15 所示。对于收信机来说有 8 个管道阶段，如接收天线增益(xagain)、接收功率(powex)、背景噪声(bgnoise)、干扰噪声(inoise)、信噪比(snr)、误码率(ber)、差错分布(error)和错误纠正(ecc)。计算了接收功率和背景与干扰噪声的叠加功率就可以计算信噪比，之后调用调制曲线找出相应误码率。注意封包在无线中的传输分为很多段，信噪比在每一段都不一样，将每段误码率加起来才能决定最后是收包还是丢包。

注意管道阶段的文件名和函数名要完全吻合，否则编译通不过。

设定管道阶段模型后，需设定天线模型。OPNET 本身自带一个天线模型编辑器可以方便地对天线进行建模。其中包括一些工业和商业标准的天线模型，图 2－16 所示为其中的一种。设置天线模型首先需要设置天线模型的粒度(Number of Phi planes)，如果设定天线的片数为 180，每片 2°。天线模型将被水平面切成 180 份，可以想象水平面与天线模型相交将得到一条闭合曲线，它与二维坐标原点构成一个锥面。将基于极坐标(ρ,θ)(ρ 为天线增益)的闭合曲线展开到二维平面坐标系就得到图 2－16 下半部分所示的曲线。theta 的采样点数为 360°除以每片的度数(360°/2°＝180 个采样点)。如果想让增益设定得更加准确，可以定义其上限和下限值，使增益的分辨率提高。如果觉得手动设置不够精确，还可以导成 EMA 文件继续修改。

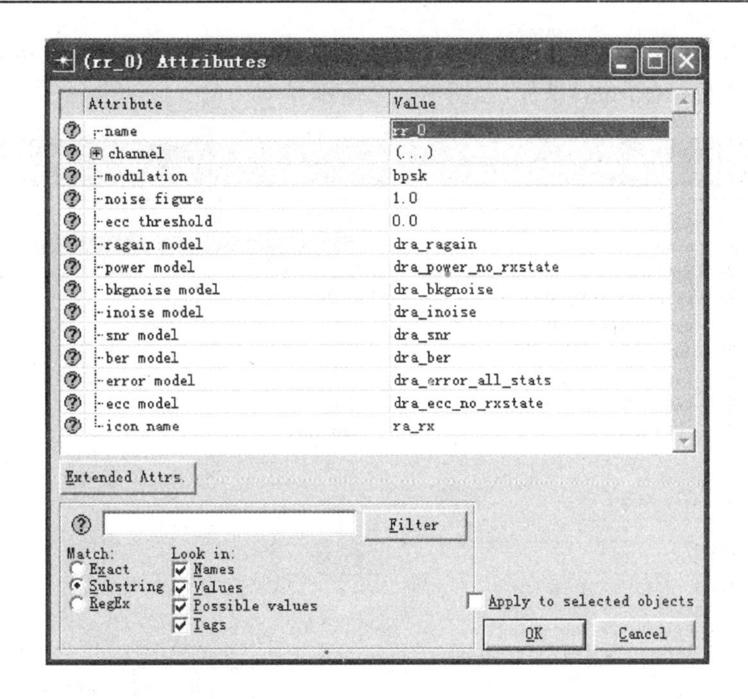

图 2－15　收信机的属性

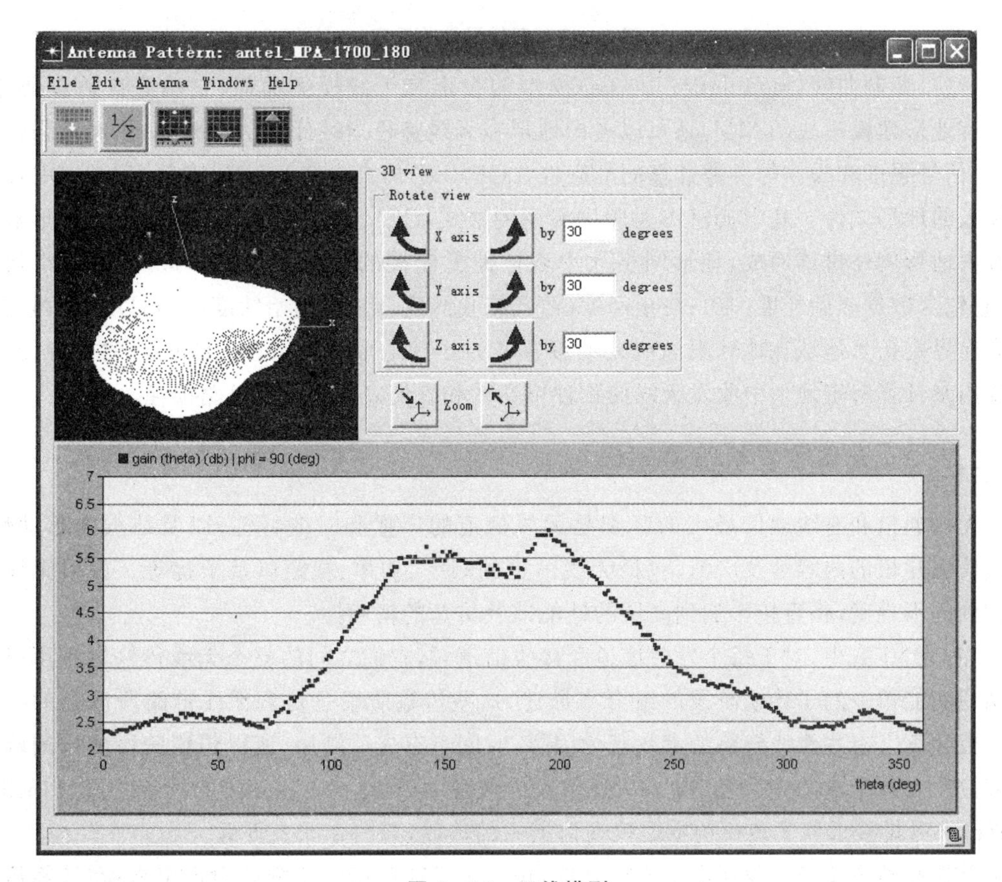

图 2－16　天线模型

建好天线模型时，可以将其设定到天线模块中，同时设置天线基准点(pointing ref)角度以及天线瞄准的目标(target)坐标，如图 2-17 所示。

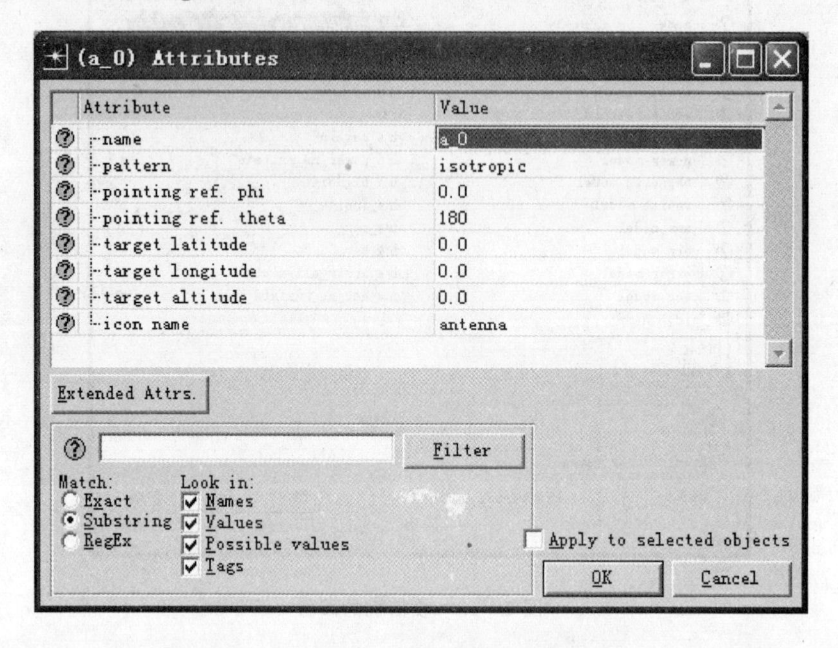

图 2-17　天线属性的设定

最后，调制曲线(modulation curve)模型的设定和天线模型类似，它用来计算误码率。如果有地形建模模块(TMM)还可以考虑地形在无线路径损耗计算中的影响，从而增强传播损耗、信号强度和噪声等参数计算的准确性。OPNET 仿真支持 DTED 或者 USGS DEM 格式输入的地形文件。其中 USGS 是美国专用的格式，DEM 被世界各地采用。整个地形数据大致由地形网格拼读而成，地形网格大小表征地形建模的分辨率，一个网格代表一小块区域，它包含数据起始经度(东)、终止经度(西)、终止纬度(南)和起始纬度(北)，以东南西北四个方向界定仿真地域在地球表面所处的位置和大小。地形参数将在无线链路建模中使用，主要用来计算特定地形中收发天线的物理可达性和它们之间的无线链路损耗。

2.3.2　无线收发机管道建模

无线通信和有线通信最大的区别是无线信道的广播和时变特性，以及结点的移动性。无线信道建模的内容涉及广泛，包括无线信道的频率、功率、视距以及干扰等。如果无线信道刻画的不准确，将直接影响到高层的性能以及仿真的精确性。

在 OPNET 中，对于每个发射信道和接收信道对，它们之间的整个无线传输过程可以用一系列功能单一的子传输阶段的组合来描述，这些传输阶段是仿真无线链路所涉及的一系列参数计算。有些无线链路的参数互为因果，时间上有先后顺序，所以传输阶段的排列顺序也应按照实际传输的先后来定。OPNET 无线仿真中用 14 个首尾相接的管道阶段(Pipeline Stage)来尽量接近真实地模仿数据帧在信道中的传输，如图 2-18 所示。

首先在整个传输过程还没有进行之前，把肯定不能被接收的物件圈定出来；在计算传输延时后接着复制封包，对每一个接收主询中的物件都复制一份；然后计算接收闭锁，检查信

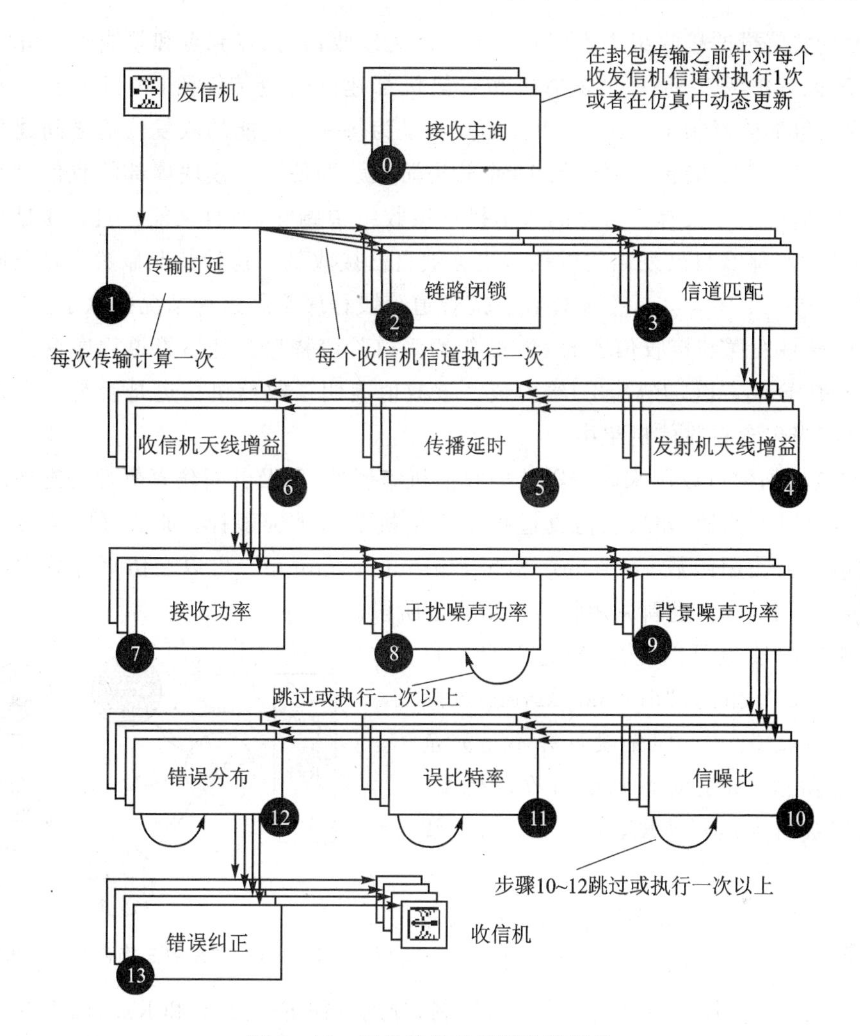

图 2-18 无线收发机管道阶段划分

道是否完全吻合,如果完全匹配当作有效信号,如果部分吻合当作噪声处理;对于接收器来说,在经历传播延时后,内部产生一个中断,对每一个可能接收的信道进行 6 至 13 阶段,由于包的每段有可能存在不同程度的干扰,因此对每一段都需要单独计算,如果是有效包则计算误码率,如果是噪声则考虑对有效包的影响;之后得到包的总误码数是多少,最后决定是否丢包。

整个过程中,计算数据保存在包的 TDA(Transmission Data Attribute)里,TDA 预设了一些值,如某个发信机和发信机信道的 Objid 等。这些值一共有 OPC_TDA_RA_MAX_INDEX 个,它是 OPNET 定义的象征性名字,代表 TDA 属性的最大索引号。如果需要自定义 TDA 属性,则将新属性定义为 OPC_TDA_RA_MAX_INDEX+1。依此类推。

下面详细介绍无线链路建模的整个过程并对其原理进行分析。

1. 接收主询(收信机组)

该管道阶段确定候选的收信机对象,排除明显不符合的对象,把肯定不能被接收的物件圈定出来。在某些网络模型中,仿真内核可以判断发送接收信道对之间是完全不能进行通信的，如无线发信机的接收组中不应有本节点的无线收信机、点到点和总线收信机。

具体来说，OPNET 为每对发射机和收信机都建立管道传输阶段，相对于每个收信机对，原始数据包都被复制了一次，由于包的复制是为每一对可能的收发信机之间建立管道阶段造成的，每个复制后的包需要经历 13 个管道阶段。即使对于模块内部的收信机对也不例外，如果在收信机组中没有将自己的收信机从接收组中删除，而且又能经过信道匹配（channel match）阶段，那么自己发出的数据包也会被自己接收到。这种情况显然不是我们所期望的，因此在 OPNET 中一些标准的接收主询管道阶段程序都将这种情况排除了。

仿真内核将发送和接收信道的 Objid 传给管道阶段程序。随后管道程序返回一个整数值（OPC_TRUE 或 OPC_FALSE）给内核。该数值表明了收信机信道是否为一个合适的目的端，是否应当包含在收信机组中。

TD 类核心函数可以用来改变默认的收信机组属性，以及针对仿真事件动态地改变和重新计算收信机组。例如，如果在仿真过程中收信机节点被屏蔽掉，那么可以从接收组中移除该接收信道。使用函数 op_radio_txch_rxgroup_compute()可以在仿真计算中给定信道收信机组，实质上，这将重新调用收信机组管道阶段。

收信机组阶段也可以完全“跳过”，只要将“rxgroup model”设置为“dra_no_xgroup”（默认值为“dra_rxgroup”）；但是跳过并不是完全不用该管道阶段，而是动态地更新收信机组。这样可以加快仿真运行速度，尤其是针对无线业务负载量大的网络仿真。

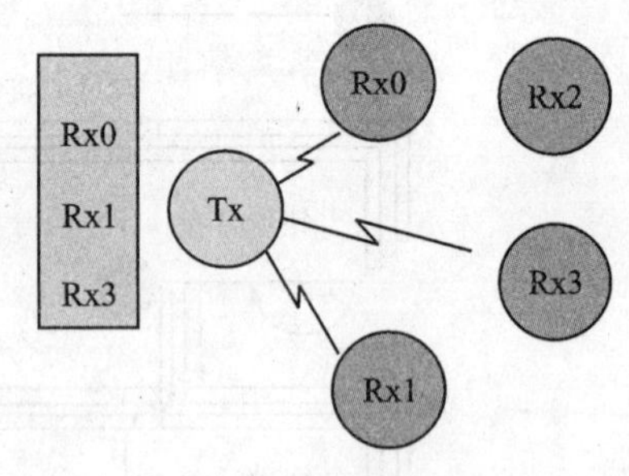

图 2-19　只针对接收主询内的节点发送封包

如图 2-19 所示，Tx 节点传输数据包之前，查看接收主询列表包含 Rx0、Rxl 和 Rx3，而 Rx2 不在之内。因此，将封包只作 3 次复制，分别发往 Rx0、Rxl 和 Rx3，而不发给 Rx2。

2. 传输时延

传输延时是数据包在无线链路中所经历的一部分延时，它是数据包按信道速率发送所需要的时间。这个时间是数据包的第一个比特开始发送时间和最后一个比特发送时间之差，也是发信机处理数据包所用的仿真时间。这个过程信道处于忙状态。当该事件发生时，媒体接入层的数据包将在队列中等候，直到信道空闲才可发送下一个数据包。如图 2-20 所示，计算传输时延可以通过如下公式进行：

传输时延＝数据包长度/数据传输速率

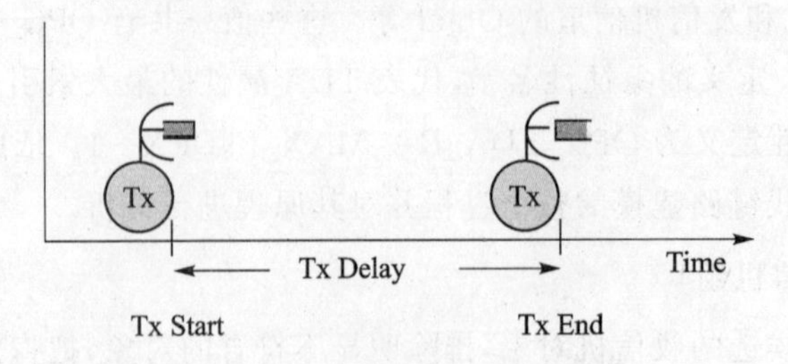

图 2-20　传输时延的计算

计算传输时延是整个管道阶段的第一个阶段。对于每个封包该阶段只计算一次，结果写入封包 TDA 的 TX_DELAY 属性中。

3. 物理可达性(链路闭锁)

通过无线链路物理可达性(closure)的判断可以加快仿真的运行速度，它的作用与收信机组管道阶段有点类似。如果是链路有任何阻碍，封包将被丢掉，后续的管道阶段不必计算；否则，将 PROP_CLOSURE 设为 OPC_FALSE，表示没有阻碍。

无线链路的物理可达性计算依据视通性来决定，不用 TMM 地形模块只有二种判断，如图 2－21 所示。基于物理上的考虑，测试连接发信机与收信机之间的连线是否被障碍物遮挡。如果发信机与收信机之间物理上不可达，则数据包传输失败。仿真中可以配置特定的地形图，不同的地形地貌计算的结果也不同。图 2－21 中，可以分别读取发射电台和接收在地心坐标系统上的坐标，计算出连通向量来判断是否和地球表面或障碍物相交。查看收发双方是否有视线连接的可能。若有，则认为可以连接。判断基于地球是完全理想的球形的假设，地球半径取 6 378 000 m。

(1) 得到发射天线和接收天线的坐标，进而计算出天线之间的连通向量；

(2) 读入地形参数，采用图 2－21 所示方法判断天线之间的连通向量是否被地面遮挡。

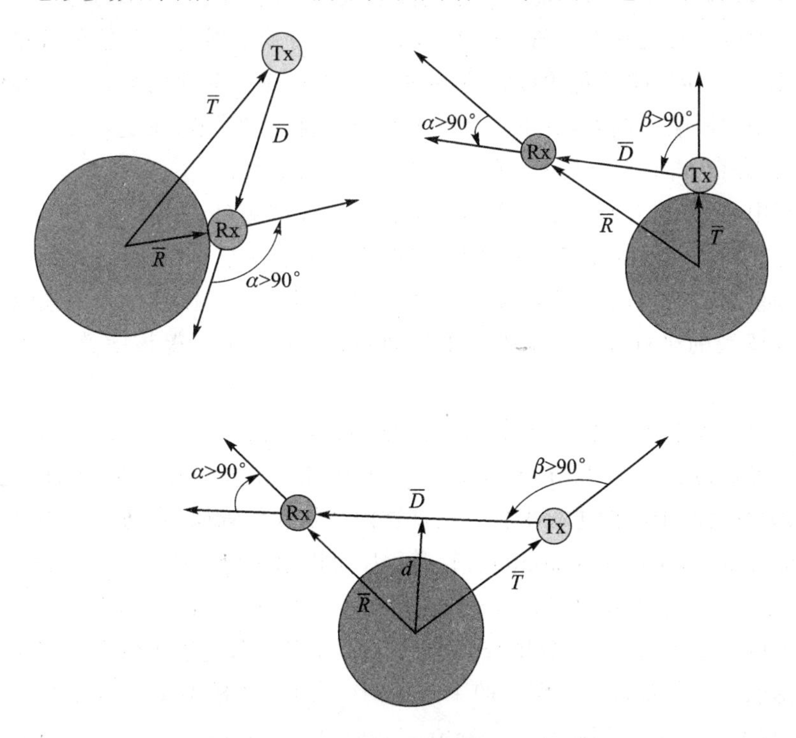

图 2－21　判断地形物理可达性的算法

4. 信道匹配

根据发射电台和接收电台的频率、带宽、数据速率、扩频码 4 个属性来判断信道是否匹配，将信道匹配计算结果分成 3 种情况，如图 2－22 所示。依据 3 种情况，将正在传输的数据包分成 3 类：

(1) 有效数据包(valid):接收电台和发射电台属性完全匹配,接收电台能够正确接收并解码当前传输的数据包。

(2) 干扰数据包(noise):带内干扰,发射电台和接收电台的频率和带宽等属性有重叠部分,该数据包不但不能被正确解码和利用,而且对其他数据包的接收产生干扰。

(3) 可忽略的数据包(ignore):带外数据包,频带不交叉,即收信机的频率和带宽等属性和发射电台完全不一致。该数据包虽然不能被正确解码和利用,但是不会对其他数据包的接收产生干扰,会被仿真核心销毁。

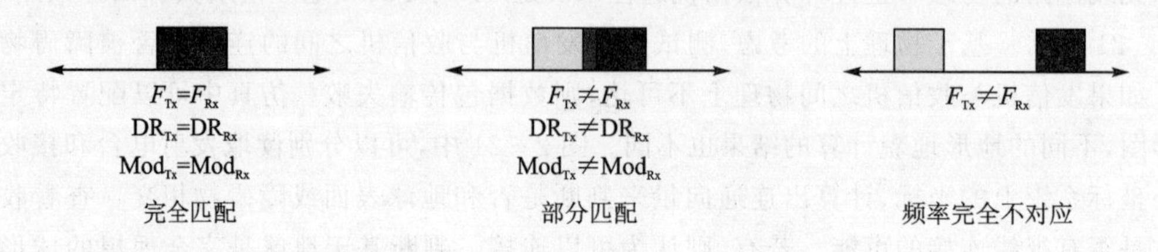

图 2-22　信道匹配计算后的 3 种情形

5. 发射机天线增益

发射天线增益表示发射信号能量被放大或衰减的程度。发射功率的“整形”是基于天线结构的物理特性以及发送的方位角。由于天线在各个方向上对进行传输的数据包功率衰减程度不一样,因此直接影响了包的接收功率,进而影响信噪比和误码数目。无线链路仿真时将考虑天线模型的影响。例如,对于一个有主瓣旁瓣的天线模型,在主瓣方向潜在链路上传输的包功率,比旁瓣方向潜在链路上传输的包功率要来得大。

实际仿真中,要得到天线的增益必须首先获得天线仰角(lookup_phi 和 lookup_theta)。天线仰角的计算涉及坐标的变换,坐标的变换取决于天线基准点(boresight point)。首先将天线模型坐标系的 Z 轴旋转至对准基准点,然后将发射电台与接收电台的连通向量投影到旋转后的天线模型的坐标系上,得到天线的仰角,进而查找获得该链路方向上的天线增益值。

发射电台与接收电台的连通向量(即发送端与接收端的夹角)可以根据天线的位置(天线属性含有位置信息:target latitude、target longtitude、target altitude)来计算。当节点移动时,需要人为对这两个属性进行更新。根据这两个物理位置属性,仿真核心会自动更新当前的天线坐标(phi_point,theta_point)。管道程序可以通过以下语句读出这两个属性:

```
point_phi=op_td-get_dbl(pkptr,  OPC_TDA_RA_RX_PHI_POINT);
point_theta=op_td-get_dbl(pkptr,  OPC_TDA_RA_RX_THETA_POINT);
```

天线的基准点方向即为天线模型的主瓣指向(也即天线模型增益最强的方向),基准点方向默认值为:boresight_phi=0,boresight_theta=180。基准点的值也可以在天线的属性“pointing ref. phi”和“pointing ref. theta”中设定。OPNET 也提供了两个常量来存储这两个值,分别为 OPC_TDA_RA_TX_BORESIGHT_PHI 和 OPC_TDA_RA_TX_BORESIGHT_THETA。

6. 传播延时

传播延时和传输延时对应,传播延时是数据包在无线链路中所经历的另一部分延时。

在无线链路仿真中，考虑到无线电台的移动，在数据包传输过程中，发射电台和接收电台之间的传输距离可能发生变化。因此，需要计算两个时延，即传输开始时的传播时延和传输结束时的传播时延，来逼近节点的移动特性，如图 2 - 23 所示。

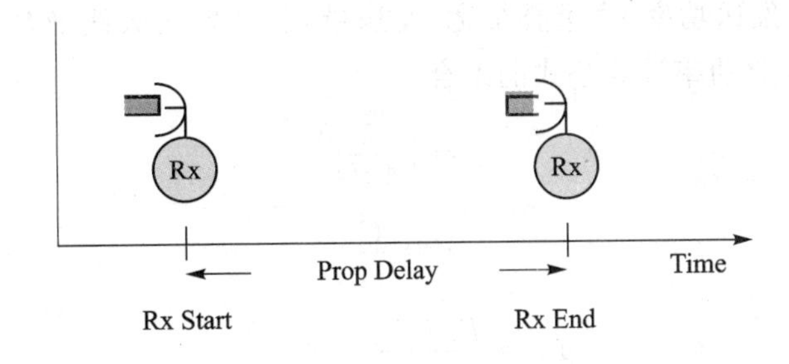

图 2 - 23　传播延时的计算

采用以下方法计算传播延时：

(1) 分别计算发射电台和接收电台之间传输开始和传输结束的距离。

(2) 传播开始时延=传输开始时收发机间距离/电磁波传播速率，可以通过 od_td_set_dbl(pkptr,OPC_ TDA_ RA START_ PROPDEL,start_prop_delay)设置。

(3) 传播结束时延=传输结束时收发机间距离/电磁波传播速率，可以通过 opt_td_set dbl(pkptr,OPC_ TDA_ RA START_ PROPDEL,end_prop_delay) 设置。

(4) 传播时延为传播开始时延和传播结束时延的折中。

7. 收信机天线增益

该管道阶段必须等到传播延时完毕才执行，其中仿真核心将转移去处理其他事件。收信机天线增益和发射天线增益的计算方法完全相同。结果将写入 TDA 下的 RX_GAIN 属性中。

8. 接收功率

接收功率是有效的数据包到达接收电台的有效功率。接收功率仿真通过以下步骤：

(1) 根据发射电台和接收电台的基准频率和带宽，得到收发电台互相重叠的带宽。

(2) 由频率计算发送波长，再根据无线传播的距离，计算自由空间的电磁波功率传播损耗。在无线路径损耗计算中考虑地形的影响，可以增加计算传播损耗、信号强度和噪声等参数的准确性。基于地形仿真可以提供在给定地形条件下最佳频率预测；各种战术部署、调遣时的通信状态的预测；在给定地形条件时，给出通信节点的部署位置的可行建议；对通信偶然性计划的建议。

基于地形建模的传播损耗包括两种计算模型，分别是自由空间模型和 Longley - Rice 模型。

① 自由空间模型。假设天线处在真空之中，不考虑任何大气的影响，不被障碍物遮挡。以下是自由空间传输损耗的计算方法：

$$\text{传输损耗} = \frac{1}{4\pi \times \text{距离}^2} \times \frac{\lambda^2}{4\pi} \tag{2-1}$$

② Longley - Rice 模型。Longley - Rice 模型是基于 Longley 和 Rice 两位学者发表的

论文。在此模型下,首先获取传输电台和接收电台天线间的地形规格(离地面的海拔)及地面海拔来估计天线的实际高度。根据天线高度和地形参数计算无线电波的地面反射。基于上面的自由空间传播损耗公式,综合考虑地面反射和地形衍射,计算路径损耗。

(3) 接收功率=发送功率×(重叠带宽/发送带宽)×发送天线增益×传播损耗×接收天线增益。以下为接收功率计算公式的组合:

$$L_{\mathrm{p}} = \left(\frac{\lambda}{4\pi D}\right)^2$$

$$\lambda = \frac{C}{f_{\mathrm{c}}}$$

$$P_{\mathrm{i}} = \frac{P_{\mathrm{tx}}(f_{\max} - f_{\min})}{B}$$

$$P_{\mathrm{rx}} = P_{\mathrm{i}} G_{\mathrm{tx}} L_{\mathrm{p}} G_{\mathrm{rx}}$$

式中:L_p——路径损耗;

λ——波长;

D——距离;

C——光速;

f_c——中心频率;

P_i——带内功率;

P_{tx}——发送功率;

$f_{\max}$——最大频率;

$f_{\min}$——最小频率;

B——带宽;

P_{rx}——接收功率;

G_{tx}——发送天线增益;

G_{rx}——接收天线增益。

(4) 抗干扰接收方式(信号锁和功率锁)

信号锁(signal lock)指收信机认定先到达的包是应该接收的包,而在这个包的接收期间,置信道的信号锁为1,表明信道已经被占用,其他到达的包被认为是干扰。

信号锁是管道阶段引入的一个内部变量,来防止接收信道同时正确接收多个数据包。其值为一个布尔变量,表示信道的忙、闲。取真时,表示当前信道正在接收一个有效的数据包,而且该数据包可能被正确接收;取假时,表示当前信道没有数据包到达(或者正在处理中,可以准备接收新的数据包),或者表示当前信道接收的数据包都不可能正确(在信道匹配阶段就设置过的)。

总之,设计自己的管道阶段时,在接收数据包时,先判断信号锁值。若为真,那么当前接收的包就只能是噪声了;若为假,当前接收的包就有可能被正确接收,交给后面继续处理,这时再将信号锁值设置为真。

如图 2-24 所示,接收时两个封包同时抵达。如果第 1 个包先到,则第 1 个封包信号被锁定,第 2 个则被当作是噪声而不管它是不是有效的。

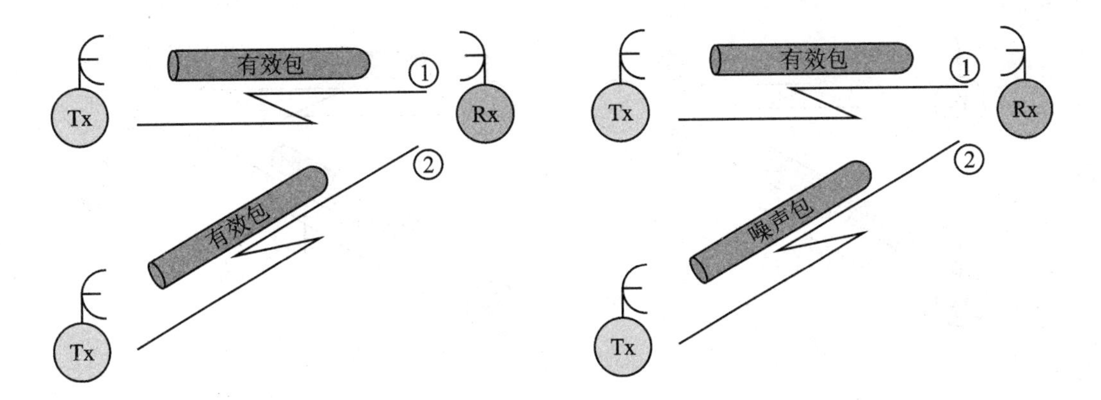

图2-24 接收有效封包过程中另一个包到达

功率锁(power lock)指收信机认定功率最大的包是应该接收的包，功率小于该包的其他到达的包被认为是干扰，而不管包到达的先后顺序。

不管有效包还是噪声包，最后接收功率将写入RX_POWER属性中。

9. 干扰噪声功率

干扰噪声功率描述了同时到达接收信道的各个数据包间的互相影响。如果有效数据包到达目的信道的同时另一个数据包正在接收，或者数据包正在被接收同时另一个数据包到达目的信道，则有干扰发生。

在大多数情况下，以上两种情形可能在一个数据包接收过程中出现多次。在接收过程中，对所有的干扰功率，结果施加至接收数据包。虽然背景噪声功率对于每个包的传输来说，只估算一次，但是干扰噪声功率却可能要计算多次。如果有多个数据包互相干扰，则干扰功率需进行累加。

计算所有碰撞对一个帧产生的干扰噪声。当两个帧发生碰撞时需要计算相互干扰。如果两个帧都是合法帧，则分别将对方的接收功率加到自己的干扰累计中；如果是噪声帧，则将其接收功率加到对方的干扰累计中。如果一个帧和多个帧发生碰撞，则这一过程要被触发多次，并将导致后面两个过程也被触发多次。

如图2-25所示，干扰噪声的产生有3种情况：接收有效包时来了另一个有效包；接收有效包时来了一个噪声包；接收噪声包时来了一个有效包。最后将总的干扰和冲突次数分别写入TDA属性NOISE_ACCUM和MAX_COLLS中。

10. 背景噪声功率

典型的背景噪声源包括从临近电子元件或者无线电发射的热噪声或射电噪声。例如，车载无线电台、干扰电台、电视或其他器材噪声造成的影响等，下雨天或其他天气情况的影响。背景噪声功率建模如下：

(1) 背景环境噪声：环境噪声功率＝带宽×功率谱密度。

(2) 背景热噪声：累计热噪声功率＝带宽×波尔兹曼常数×(背景温度＋设备温度)。

(3) 背景噪声功率＝环境噪声功率＋背景热噪声功率。

以下为背景噪声功率计算公式：

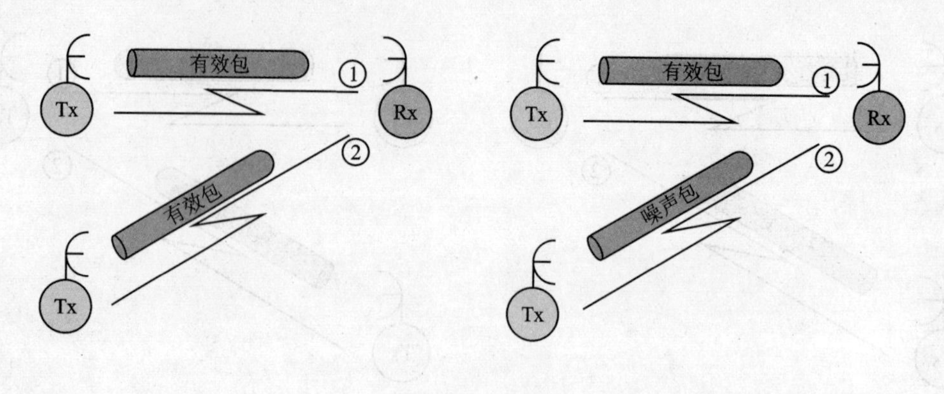

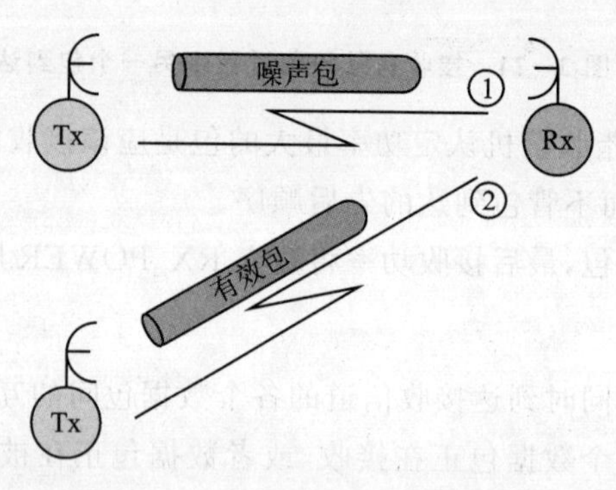

图 2-25　干扰噪声产生的 3 种情形

$$T_{rx} = (\mathrm{NF} - 1.0) \times 290.0$$

$$T_{bk} = 290.0$$

$$k = 1.38 \times 10^{-23}$$

$$N_b = (T_{rx} + T_{bk}) B_{rx} k$$

$$N_a = B_{rx} (1.0 \times 10^{-26})$$

$$N = N_b + N_a$$

式中：NF——噪声系数；

T_{rx}——设备温度；

T_{bk}——背景温度；

k——玻耳兹曼常数；

B_{rx}——设备带宽；

N_b——背景噪声；

N_a——环境噪声；

N——噪声。

背景噪声包括热噪声和环境噪声，通过计算将收信机温度转化成等效噪声，加上环境噪声，取落在带内的部分作为背景噪声。

11. 信噪比 SNR

根据前面计算获得的接收功率、背景噪声和干扰噪声等参数来计算 SNR。数据包的

SNR 值是一个重要的性能度量指标，用它来判断接收电台是否正确接收到包的内容。在一个数据包的整个接收过程当中，可能有多次其他包的到达，形成新的干扰功率。每形成一次干扰，都要重新对信噪比评估一次。一个包在两次评估信噪比的时间间隔里传输的那一段数据(segment)的信噪比是相同的。如图 2-26 所示，对于图(a)，从收信机角度来看，接收第一行封包时，第一行封包到达形成干扰；之后，第二行干扰封包到达，这时干扰噪声功率重新计算，当第一行封包接收完毕干扰功率又不一样，等到第二行封包也接收完毕才没有干扰。因此对封包的每一段需分别计算 SNR，然后计算出累计信噪比。对于图(b)和图(c)的分析类似。

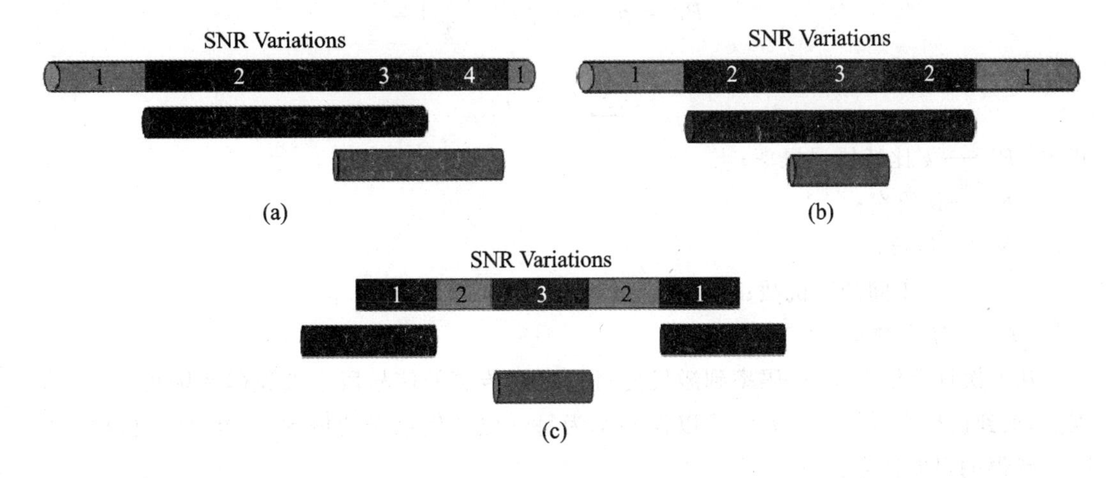

图 2-26　划分包段计算 SNR 的 3 种情形

数据包的信噪比计算公式为：

$$SNR_{actual} = 10 \log_{10}[P_r/(P_b + P_i)]$$

式中：P_r——接收功率；

P_b——背景噪声功率；

P_i——干扰功率。

另外利用处理机增益来计算有效信噪比的公式如下：

$$SNR_{effective} = SNR_{actual} + G_p$$

式中：G_p——过程增益。

12. 误比特率 BER

BER 的计算目的是根据 SNR 值得到比特错误概率。为了精确仿真无线链路的误比特率特性，BER 的计算不是基于整个数据包的，而是基于数据包中的一个一个小段来计算的。因为在数据包的传输过程中，信噪比不是固定不变的，因此导致 BER 也不是固定不变的。

根据调制曲线模型参数和前面传输阶段得到的信噪比，再加上信道处理增益(processing gain)得到有效信噪比，进而查找调制曲线得到误码率。因为包的每段 SNR 可能不同，对每一段找出 BER 之后，最后叠加得出总的误码率。

13. 错误分布

根据前一阶段得到的数据包每一段的误码率,即可计算出数据包每一段数据中的误码数目,然后将它们累积起来得到总的误码数目。

一个封包的位差错并不是每一个位模拟,只是随机选择差错位。如错误分布计算公式所示,根据前面得到的误比特率 BER,计算有 k 个比特数错误的概率,再和 0~1 间的随机数比较。如果大于这个随机数,则给包分配 k 个比特错误。

错误分布计算公式如下:

$$P_k = p^k (1-p)^{N-k}\binom{N}{k}$$

$$\sum_{k=0}^{N} P_k \geqslant r$$

式中: P_k——k 比特错误概率;

p——误码率;

N——包长;

r——0~1 间的随机数;

k——错误数量。

从上次计算信噪比、误码率到激发此过程之间传送的信号段中按误码率随机产生 i 个误码,加到误码个数累计。方法是以误码率为每一位产生错误的概率 P,在 N 个位中产生 K 个错误的可能性是:

$$P(K) = P^K (1-P)^{N-K} C_N^K$$

每次激发错误分配时计算一个随机量 R,从 1 到 N 逐个判断

$$R < \sum_{K=0}^{i} P(K)$$

是否成立。成立,则本次分配 i 个错误。

14. 错误纠正

该结果描述数据包经历了碰撞和背景噪声干扰后的纠错能力,根据帧长度、收信机错误纠正门限设定和最后得到的误码个数,决定此帧是否能被接受。如果判断能够接收当前数据包,则允许其被继续发送到高层。此阶段的判断直接影响接收信道的数据包丢弃率和吞吐量结果。

基于仿真中无线电台设备可能被关闭或摧毁,数据包是否可以接收的判断标准有两个,一是源端是否完整发送数据包,另一个是比较误比特数是否小于收信机的纠错门限值。如果设备被关闭或摧毁,则数据包接收失败。进一步,根据误码数目和纠错门限来判断,如果误码数目小于纠错门限,则数据包可以被接收,将 PK_ACCEPT 属性置为 OPC_TRUE;否则,销毁包。到此,包接收完毕,之后把信号锁(signal lock)解开,准备接收下一个包。

2.3.3 无线通信仿真实例

本实例介绍使用 OPNET Modeler 创建一个无线网络,并在一个动态网络拓扑结构的

接收节点处观察由无线噪声引起的接收信号质量的变化。

1. 系统拓扑结构

本实例构建的拓扑结构包括 3 个节点，如图 2-27 所示。

图 2-27　网络拓扑结构

(1) 发送节点：在各个方向以相同的强度发送数据。该节点包含一个包生成模块、一个无线发射机模块和一个天线模块。

(2) 接收节点：测量由固定发射机节点发送的信号质量。该节点包括一个天线模块、一个无线收信机模块、一个收信机处理器模块以及一个与定向天线共同工作的附加处理器模块。

(3) 移动干扰节点：产生无线噪声。干扰器的轨道使得它可以在收信机的无线范围内进进出出，从而增加或减小收信机收到的干扰。

本实例中，信息将从一个固定发射机对象转移到一个固定收信机对象。这些对象通过一个无线信道连接。该链路由系统中各组成部分的许多不同的物理特性决定，包括频带、调制类型、发射机功率、距离和天线方向。

2. 创建天线模型

本实例将创建一个新的天线模型。该天线在一个方向的增益是 200 dB，在其他任何方向的增益均为零(这是一个理想的选择性收信机)。

一个天线模型的 OPNET 表示可分为球面角 phi 和 theta 两部分值。常量值 phi 代表大致的一维圆锥形表面，该表面被映射到笛卡儿坐标中，并用一个称为片(slice)或层(plane)的一维函数来描述。对于每一个一维片(2D slice)，函数的横坐标为 theta，纵坐标为相应的增益值。这样，二维天线模型函数就被表示成一个二维层的集合。每一层都用一个图形面板表示，该图形面板中，抽样点指定了与每一个 theta 的变动度数相对应的增益值。可以使用 phi 平面操作菜单选择哪一个一维函数层(或 phi 值)将被用来作为编辑对象进行显示。

(1) 从 File 菜单中选择 New，然后从下拉菜单中选择 Antenna Pattern。单击 OK 按钮，这时打开如图 2-28 所示的天线模型编辑器。

本实例可以使用默认的 theta 的分割数(72，即每隔 5°一个点)，因此，能够用抽样点表示的最大的 theta 值为 355°。对从 0～355°的所有的 theta 值，可以指定增益大约等于 200 dB 的抽样点。指定了图形面板中的任何两个抽样点，系统都会使用线性内插的增益值设置这两点之间的所有抽样点。因此，在该层中只需要设置两个抽样点——0°点和 355°点，就可以设置所有的 72 个点。

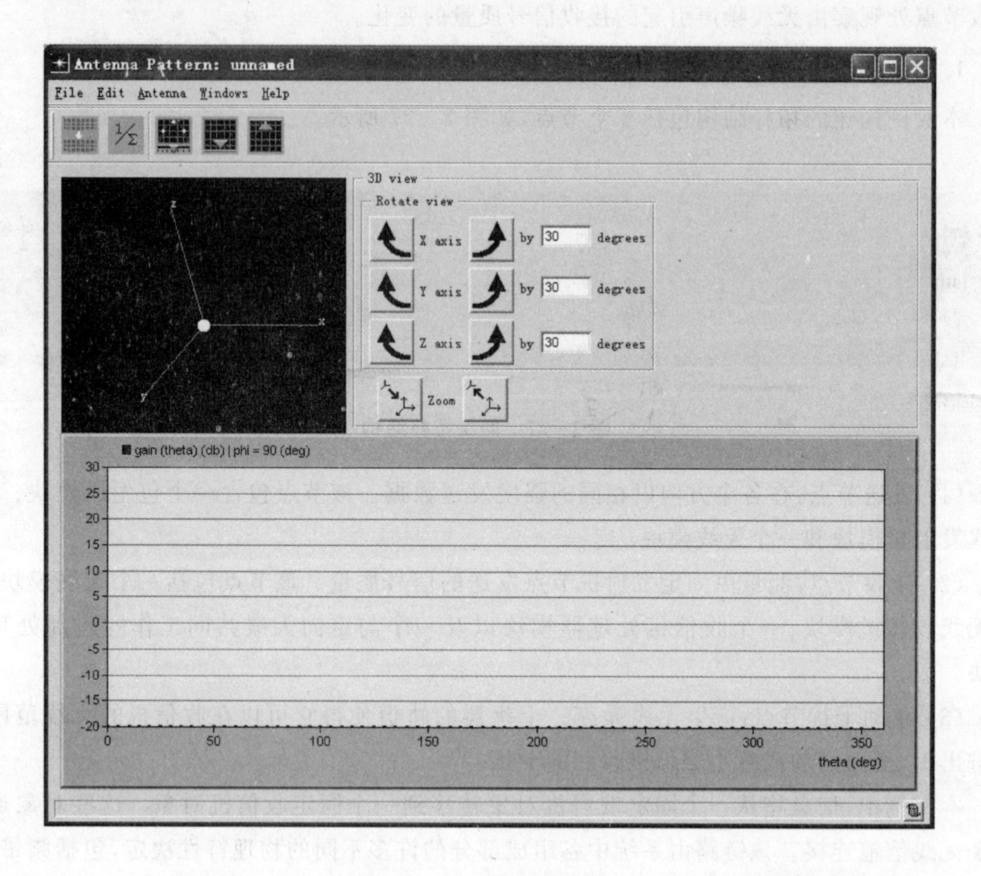

图 2-28　天线模型编辑器

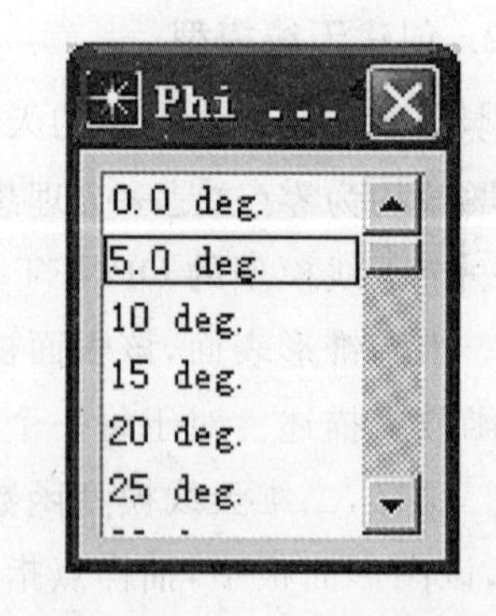

图 2-29　Phi Plane 设置选项

(2) 在项目工作空间右击并从弹出的菜单中选择 Set Phi Plane,这时弹出如图 2-29 所示的选项表,从该表中选择"5.0 deg."。这时选项表自动关闭,图形面板显示了层参数被设为 5°时的一维层曲线。位于面板顶端的功能标签显示了当前 Phi 的设定(为 5°),如图 2-30 所示。

(3) 设置纵坐标范围。单击 Set Ordinate Upper Bound 动作按钮,在对话框中输入 201 作为纵坐标上界,单击 OK 按钮;单击 Set Ordinate Lower Bound 动作按钮,话框中输入 199 作为纵坐标下界,单击 OK 按钮。这时图形面板显示新的坐标范围。该范围允许更加精确地输入增益值。

(4) 将鼠标移动到 200 dB 线的最左端的点上,单击确定第一个抽样点(0°),再将鼠标移动到 200 dB 线的最右端,然后单击确定第二个抽样点(355°)。这时所有的介于这两个指定点之间的抽样点都使用线性内插增益值自动设置。之后出现一个点线,显示抽样点的范围,如图 2-31 所示。当在图形面板中定义点时,3 维投影视图区域将会显示一个锥形的外壳,来表示 phi 从 5°～10°,theta 从 0°～360°的增益,如图 2-31 左上角所示。

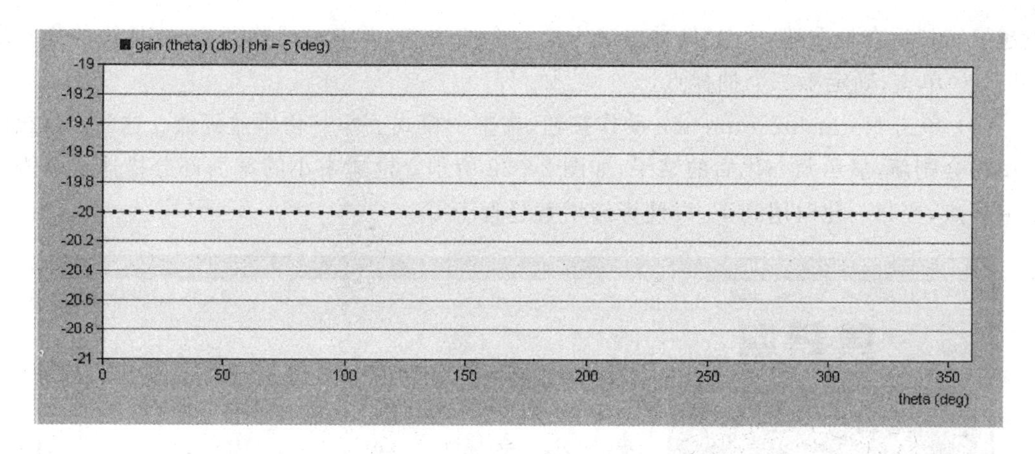

图 2-30　Phi 设置后 theta 的取值对应的增益值

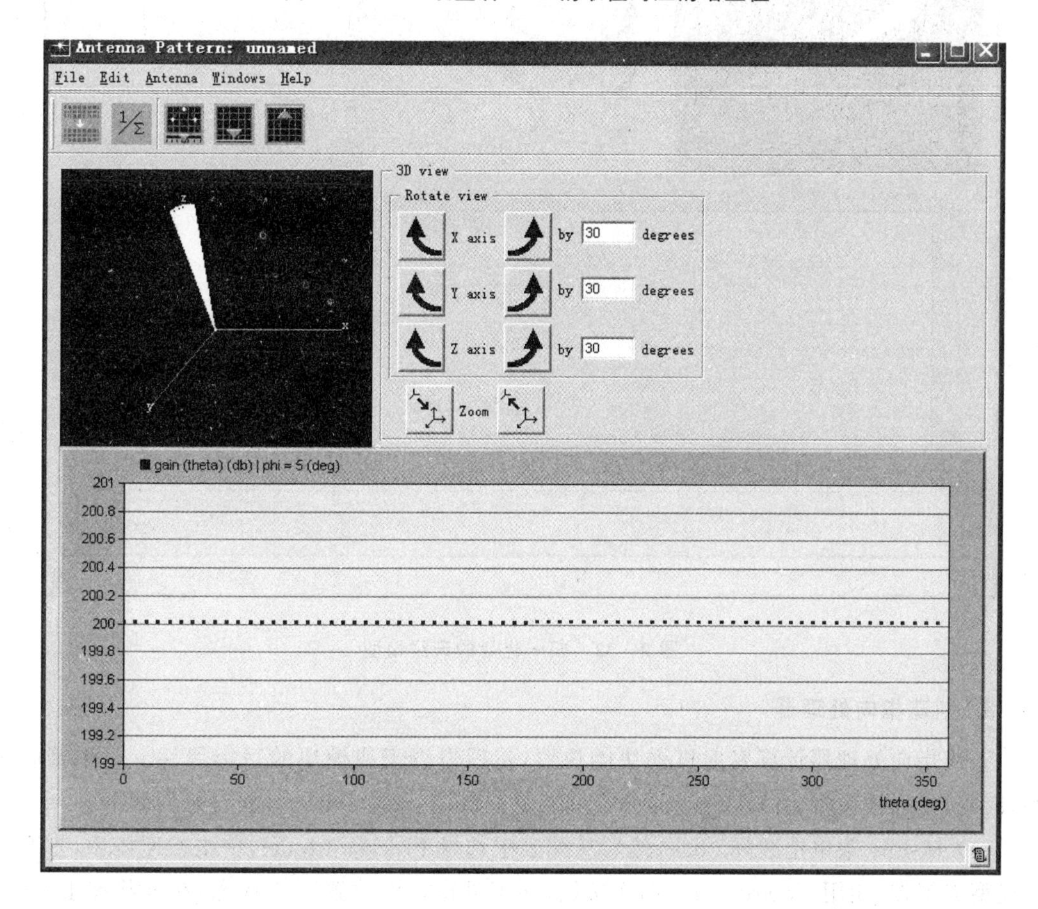

图 2-31　天线模型

已经指定了 phi≥5°的增益值后，需要将层设置改为 0°，然后设置该层的增益和抽样点。将 phi≥0°～5°和 theta≥0°～360°的增益值设为 200 dB。该增益值将填充到由圆锥形外壳指定的 phi≥5°的平面中。

(5) 在工作空间中右击并从菜单中选择 Decrease Phi Plane。这时当前的 Phi 平面设置从 5°变为 0°。将纵坐标的上边界设为 201，下边界设为 199。将鼠标移到 200 dB 线附近(越近越好)，然后在最左端(0°点)处单击确定第一个抽样点，再将鼠标移到 200 dB 线的最右端(355°点)单击，确定第二个抽样点。

(6) 单击 Normalize Function 动作按钮，在整个模式上归一化增益函数。这时，3D 投影视图将会刷新，显示归一化后的结果，如图 2-32 所示。模式中小的球面部分描述了旁瓣增益采样点，在归一化时用到了，以使旁瓣增益趋近于零。

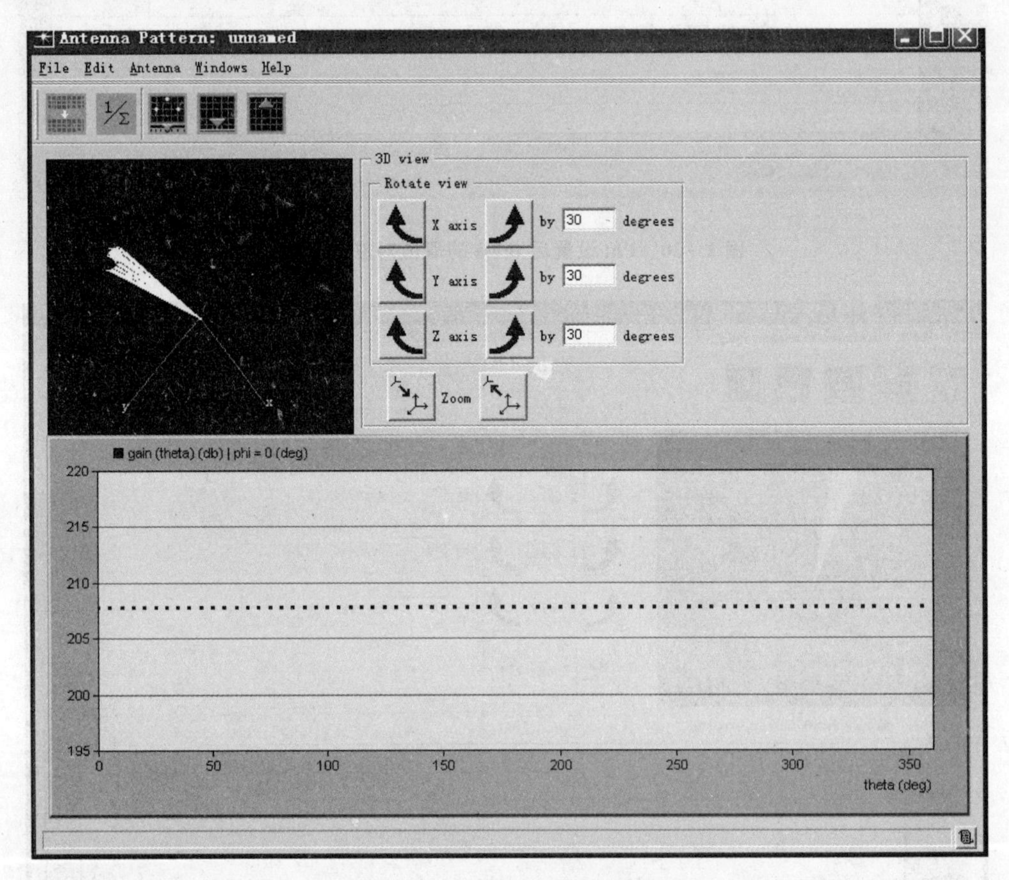

图 2-32　归一化后的天线模型

3. 创建指向处理器

天线指向处理器计算发射机模块的位置，然后设置天线模块的目标属性。它不接收中断，因此，可以被设置为一个独立的非强制的状态(unforced state)。创建过程如下：

(1) 从 File 菜单中选择 New，然后从列表中选择 Process Model，单击 OK 按钮，打开过程模型编辑器；使用 Create State 动作按钮，在工具窗口中放置一个状态；在该状态上右击，从弹出的菜单中选择 Set Name，将状态命名为 point；然后，创建一个回到该状态自身的转移，为该状态输入代码，如图 2-33 所示。

(2) 右击转移线，从弹出菜单中选择 Edit Attributes，然后将转移线的 condition 属性改为 default，单击 OK 按钮，关闭对话框。

(3) 把代码块导入模型，单击 temporary variable block 动作按钮，在 File 菜单中选择 Import。选择"＜reldir＞/models/std/tutorial req/modeler/mrt_tv"文件，然后单击 OK 按

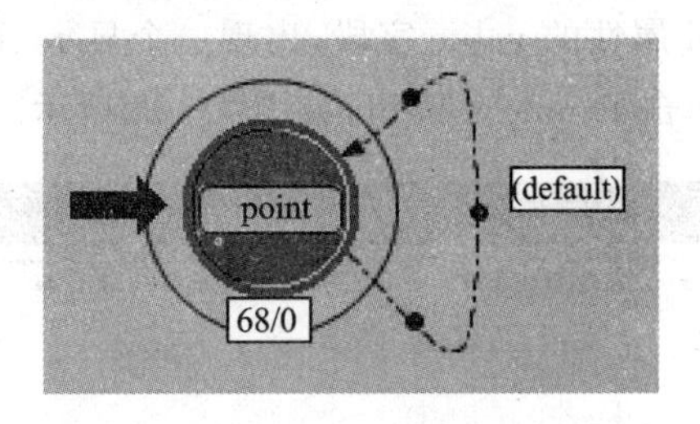

图 2-33　创建的进程模型

钮导入此文件;在编辑器窗口中,在文件结束的地方(最后一个空行)加上一个空格,然后保存文件。

(4) 导入入口执行代码块的代码,双击 point 状态的上部,打开入口执行代码块,然后从 File 菜单中选择 Import,选择"<reldir>/models/std/tutorial req/modeler/mrt_ex"文件,然后单击 OK 按钮导入此文件;在编辑器窗口中,在文件结束的地方(最后一个空行)加上一个空格,然后保存文件。

(5) 更改过程的属性,从 Interfaces 菜单中选择 Process Interfaces,出现 Process Interfaces 对话框,把 begsim intrpt 属性的初始值改为 enabled;将所有属性的 Status 值改为 hidden;单击 OK 按钮,保存更改。

(6) 编译过程模型,单击 Compile Process 动作按钮。当提示保存模型时,命名为<initials>_mrt_rx_point,单击 OK;过程模型编译完后,关闭过程编辑器,由于编译过程中自动保存了过程模型,最后不需要再进行保存操作。

4. 创建节点模型

建立无线网络模型需要 3 个节点模型:1 个发射机、1 个收信机和 1 个干扰发射机节点。

1) *发射机节点*

发射机节点包括 1 个包产生模块、1 个无线发射机模块和 1 个天线模块。包产生器产生大小为 1 024 bit 的包,包间隔时间为常数,平均速度为 1.0 包/s(默认值)。产生后,包通过包流送到无线发射机模块,它将包发送到速率为 1 024 bit/s、使用 100%信道带宽的信道上,包就经过发射机通过另一条包流到达天线模块。天线模块使用全向天线模型(缺省值),表示在空间各个方向上增益相同。创建发射机节点模型过程如下:

(1) 从 File 菜单中选择 New,这时打开节点模型编辑器,然后从列表中选择 Node Model,单击 OK 按钮;按图 2-34 创建模块和包流,设置相应的模块名称;将 tx_gen 处理器的 process model 属性设置为 simple_source。

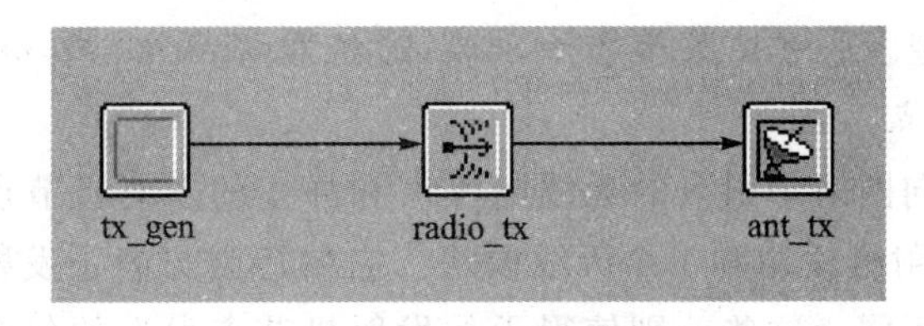

图 2-34　发射机节点模块

(2) 将所用信道的 power 属性提升,在 radio_tx 节点上右击,从弹出的菜单中选择 Edit

Attribute;然后单击 channel 属性的 value 字段,出现一个显示 channel 的复合属性表的对话框,选中 power 属性,然后单击 Promote 按钮,如图 2-35 所示。

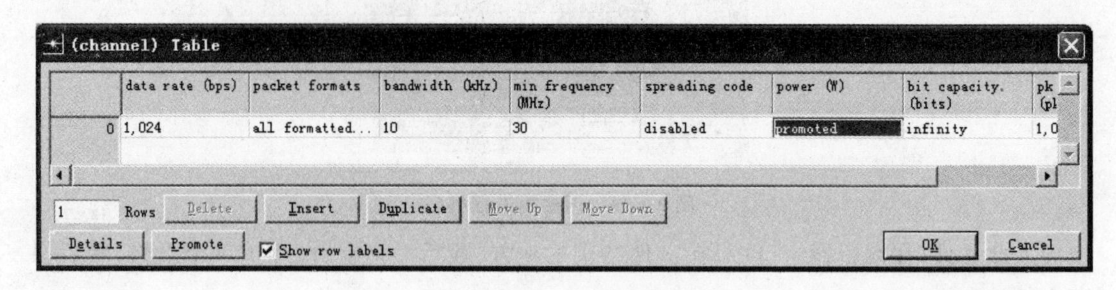

图 2-35　设置 channel 复合属性

(3) 定义节点模型界面属性,从 Interfaces 菜单中选择 Node Interfaces,出现节点接口对话框;在 Node Types 表中,将 satellite 的 Supported 值设为 no;在 Attributes 表中,将 altitude(高度)初始值改为 0.003,除了 radio txchannel[0]. power 属性之外,将所有其他属性的 Status 值设置为 hidden;在 Keywords(关键字)表中,加上 mrt,为便于参考,添加描述该节点的注释,如图 2-36 所示。

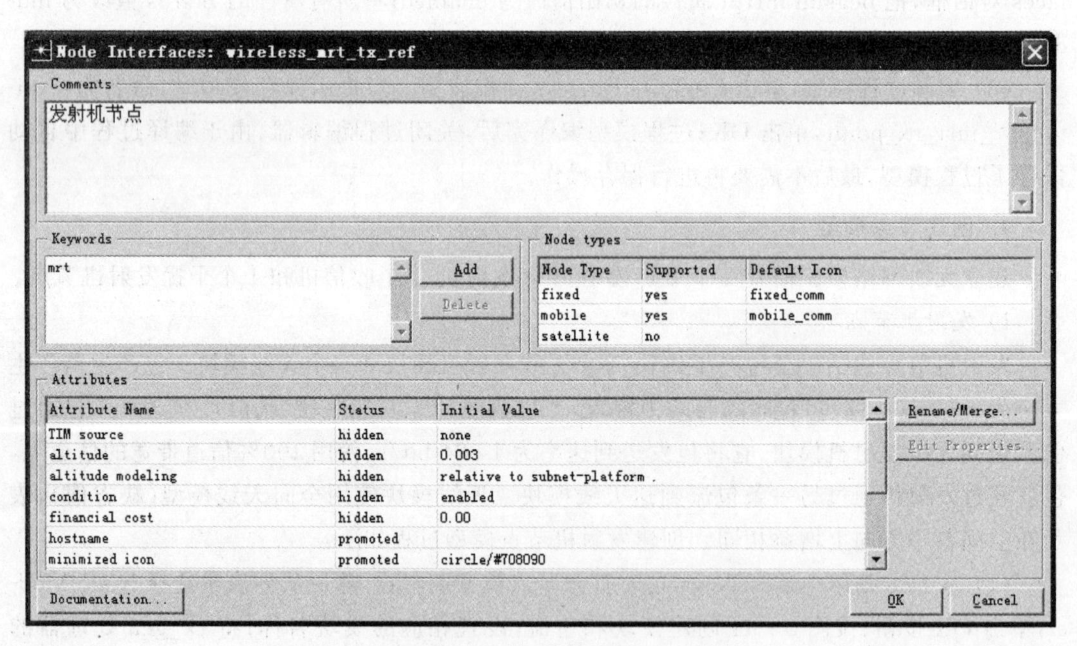

图 2-36　定义节点模型界面属性

(4) 保存节点模型。从 File 菜单选择 Save,命名为＜initials＞_mrt_tx。

2) 干扰发射机节点

干扰发射机节点向网络中引入的无线电噪声和静止的发射机节点一样,它包含 1 个包产生模块、1 个无线发射机模块和 1 个天线模块。它的行为与静止发射机的一致,但是信道功率和信号调制方式不同。这些差别使得干扰发射机节点发送的包在收信机看来像噪声。干扰发射机节点模型可以从发射机节点模型(＜initials＞_mrt_tx)生成,过程如下:

(1) 打开＜initianls＞ mrt_tx 节点模型,在 radio_tx 节点上右击,从弹出的菜单中选择

Edit Attribute，将 modulation 属性改为 jammod，关闭 radio_tx 属性对话框。

(2) 从 Node Interfaces 菜单下选择 Interfaces 菜单，修改描述干扰发射机节点的注释，然后保存改动。

(3) 从 File 菜单选择 Save As.，将文件另存为<initials>_mrt_jam。

3) 收信机节点

收信机节点包含 1 个天线模块、1 个无线收信机模块、1 个 sink 处理器模块以及 1 个指向处理模块，它的作用是让定向天线指向发射机。创建过程如下：

(1) 从 Edit 菜单选择 Clear Model，按图 2-37 创建模块和包流，设置相应的模块名称。

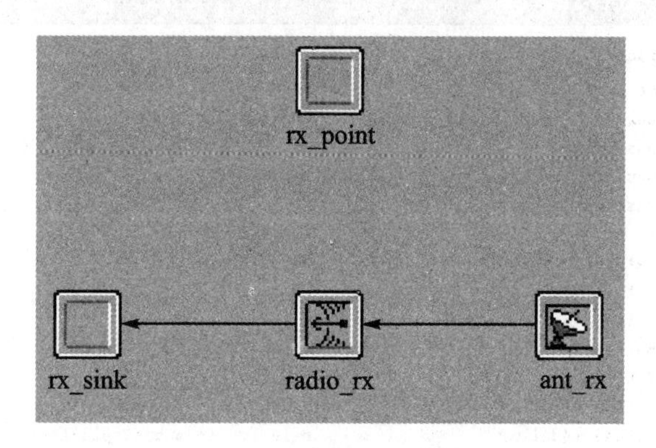

图 2-37　收信机节点模块

(2) 更改下列属性，右击 rx_point 模块，打开属性对话框，将 process model 属性的值设成<initials>_mrt_rx_point；右击 ant_rx 模块，打开属性对话框。单击 pattern 属性的左边一栏，然后单击 Promote 按钮，将 pattern 属性提升。

(3) 定义节点模型的界面属性，从 Interfaces 菜单中选择 Node Interfaces，在 Node Type 表中，将 satellite type 的 Supported 值设为 no；在 Attribute 表中，将 altitude(高度)初始值改为 0.003；除了 ant rx. pattern 属性之外，将所有其他属性的 Status 值设置为 hidden；在 Keywords(关键字)表中，加上 mrt，单击 OK 按钮，保存更改。

(4) 从 File 菜单选择 Save As，将文件另存为<initianls> mrt_rx。关闭节点模型编辑器。

5. 创建网络模型

所需的节点和过程模型创建好之后，就可以创建网络模型了。步骤如下：

(1) 从 File 菜单中选择 New，然后从列表中选择 Project，单击 OK 按钮，将新项目命名为<initials>_mrt_net，场景命名为 antenna_test。

(2) 在对象模板中，单击 Configure Palette，然后清空面板并添加<initials>_mrt_jam、<initials>_mrt_tx、<initials>_mrt_rx 节点模型，将面板存为<initials>_mrt_palette。

(3) 关闭 Configure Palette 对话框，创建图 2-31 所示的网络；对于每一个节点，打开属性对话框，按图 2-38 所示设置 name 属性。

(4) 单击 Advanced 检查框，编辑 x position 和 y position 属性来放置各个节点，如图 2-39 所示。将 tx 节点放置在网格(3,3)位置，rx 节点放在 tx 节点右边 1 km 外的网格(4,3)位

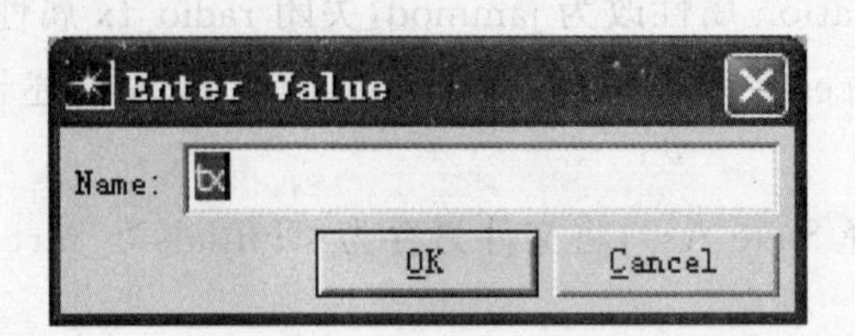

图 2-38　设置 name 属性

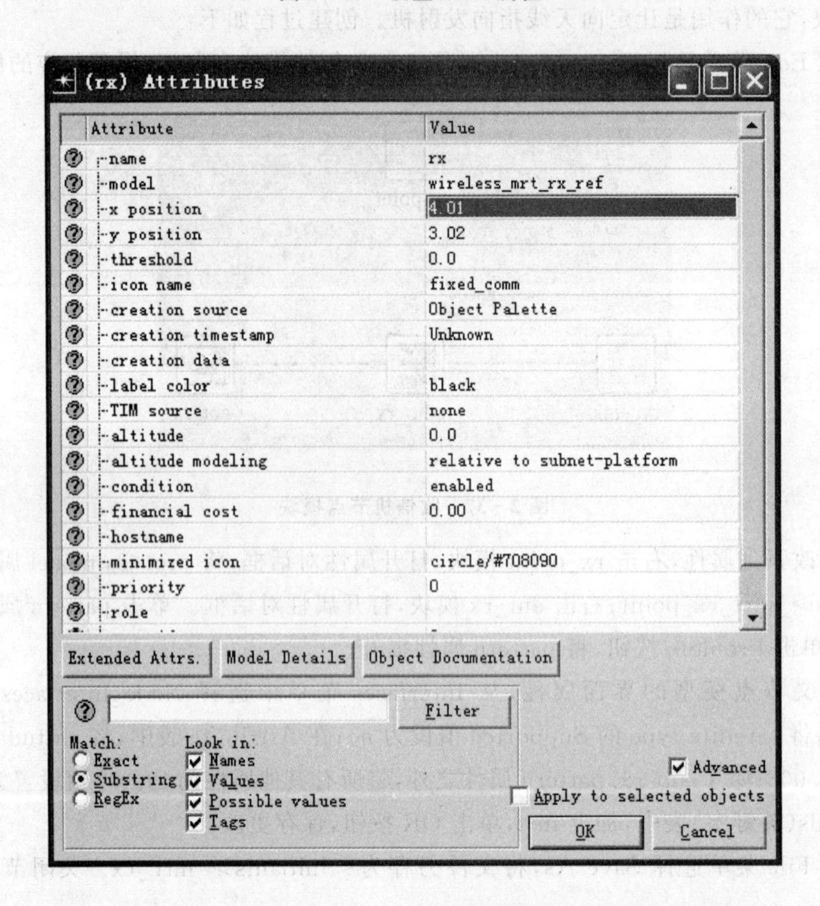

图 2-39　设置 position 属性

置。将 jam 节点放在网格中的(0.5,2.5)处。

(5) 指定一条移动干扰发射机节点行进的轨迹,从 Topology 菜单中,选择 Define Trajectory;在 Define Trajectory 对话框中,设置属性值,然后单击 Define Path 按钮;在 jam 节点的左边缘单击,开始描绘轨迹;在网格的(7.5,2.5)位置单击,再右击结束轨迹,配置后的轨迹信息如图 2-40 所示。轨迹会从屏幕消失,因为此时它还没有被移动节点引用。

(6) 将刚刚创建的轨迹应用给 jam 节点。在 jam 节点上右击,选择 Edit Attributes,将 trajectory(轨迹)属性改为 mrt,单击 OK 按钮关闭对话框;轨迹在项目编辑器显示为绿色的箭头,在绿色的线上右击,选择 Edit Trajectory,编辑每行中的 X 和 Y 的值,单击 OK 按钮关闭对话框,然后保存项目。

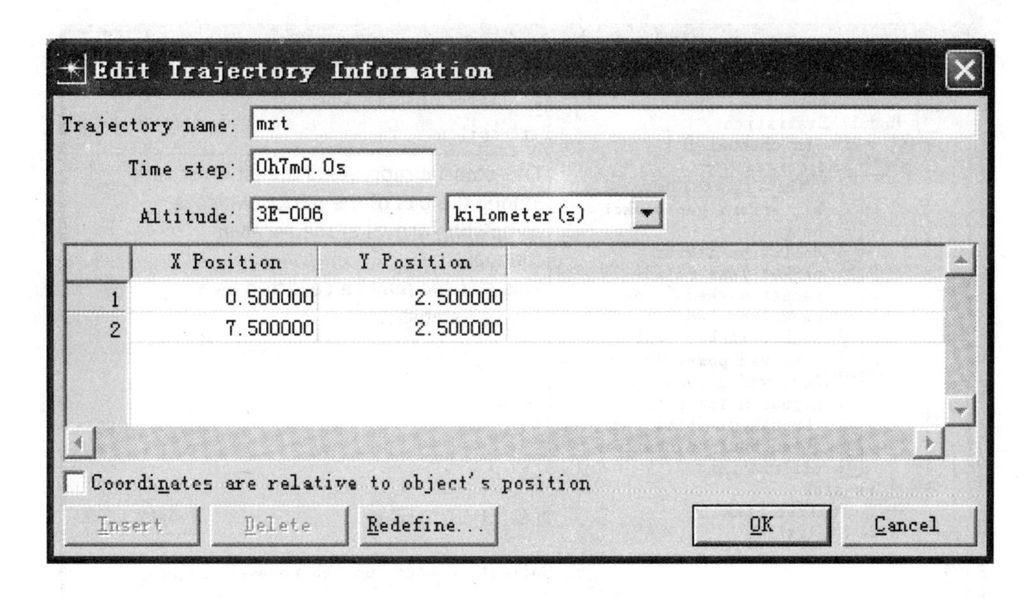

图 2-40 设置 Trajectory 属性

6. 收集统计量并运行仿真

在项目编辑器中收集仿真后的接收信道统计量。这些统计量包括误码率(Bit Error Rate,BER)、吞吐量(throughput)。包吞吐量统计值代表了接收信道每秒正确接收到的包的平均值。这个属性值采集的样值仅是那些包 BER 值小于收信机 ECC 门限的包,该门限在节点模型中无线收信机模块的 ecc threshold 属性中指定。

(1) 采集误码率统计值:在 rx 节点对象上右击,从弹出菜单中选择 Choose Individual Statistics,选择统计值 Module Statistics→radio-rx. channel [0]→radio receiver→bit error rate,如图 2-41 所示;在 bit error rate 统计量上右击,从弹出菜单中选择 Change Collection;在 Capture Mode 对话框中选中 Advanced 选项,将 Capture Mode 改为 glitch removal,完成后单击 OK 按钮。

(2) 采集吞吐量统计值:在 throughput (packets/sec)统计量上右击,从弹出菜单中选择 Change Collection Mode,在 Capture Mode 对话框中选中 Advanced 选项,确信 Capture Mode 设置的是 bucket,然后将 Bucket Mode 改为 sum/time;单击 Every... second 按钮,编辑它的值,将 Sample Frequency(采样频率)设为 10 seconds,确信 Reset 框没有被选中;单击 OK 关闭 Capture Mode 对话框,然后再单击 OK 按钮关闭 Choose Results 对话框。

(3) 对仿真进行配置:从 Simulation 菜单中选择 Configure Simulation(Advanced),如图 2-42 所示。

(4) 在仿真设置上右击,从弹出的菜单中选择 Edit Attributes;单击 Add 按钮,然后选择所有的未引用属性。选择完后单击 OK 按钮,再单击选中 ant_rx. pattern 属性,在属性对话框的 Value 部分,将第一个值设为 isotropic,第二个设为<initials>_mrt_cone。单击 OK 按钮;对于 jam. radio_tx. channel[0]. power 属性,单击 Value 字段,输入 20;对于 tx. radio_tx. channel[0]. power 属性,单击 Value 字段,输入 1,如图 2-43 所示。选中 Save vector file

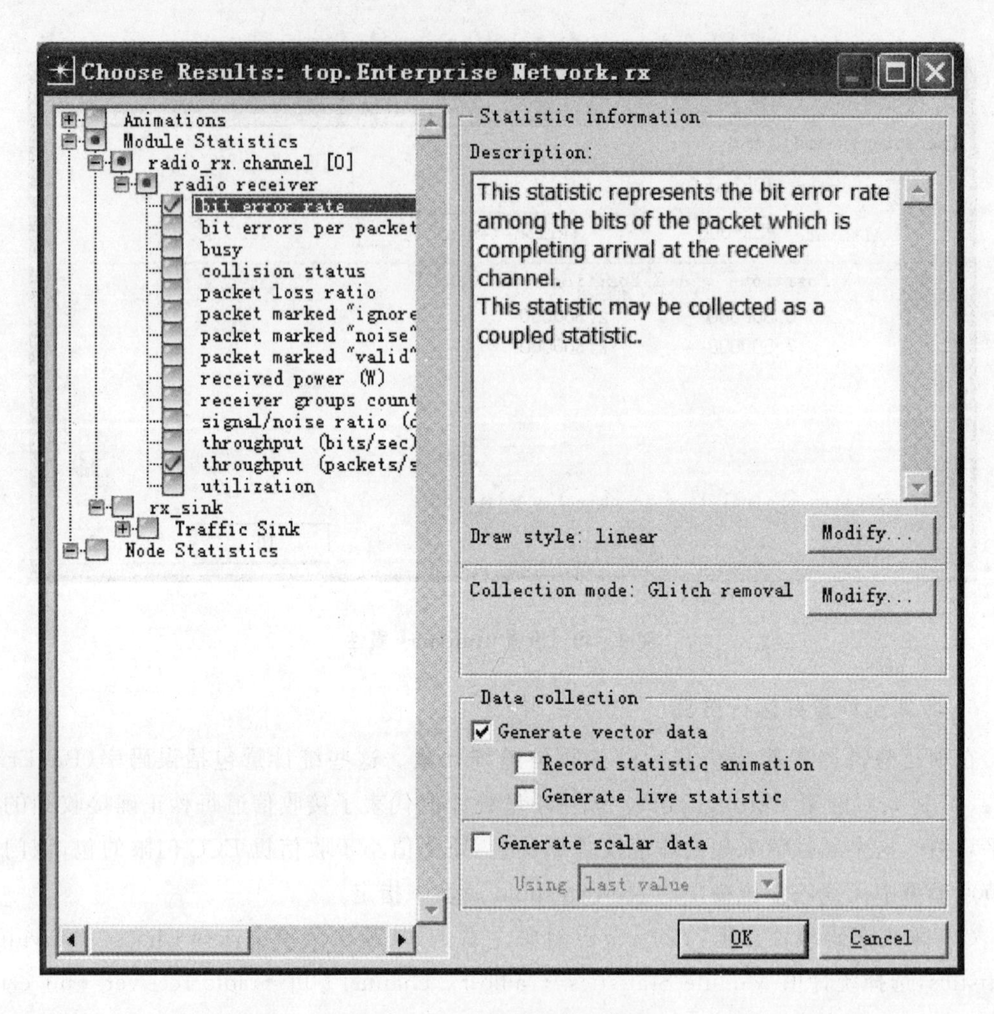

图 2-41　设置误码率统计量

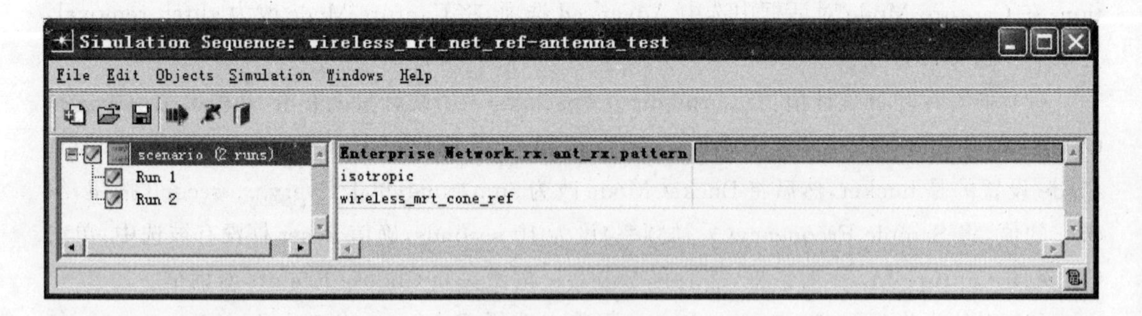

图 2-42　配置仿真

for each run in set 单选按钮；同时还要改变仿真的 Seed 为 50，Duration 为 420 seconds，Update Interval 为 10。修改后，保存仿真设置。

7. 查看并分析结果

仿真运行结束后，就可以检查误码率和包吞吐量结果。步骤如下：

(1) 查看误码率：从 File 菜单中选择 New，然后选择 Analysis Configuration，单击 OK

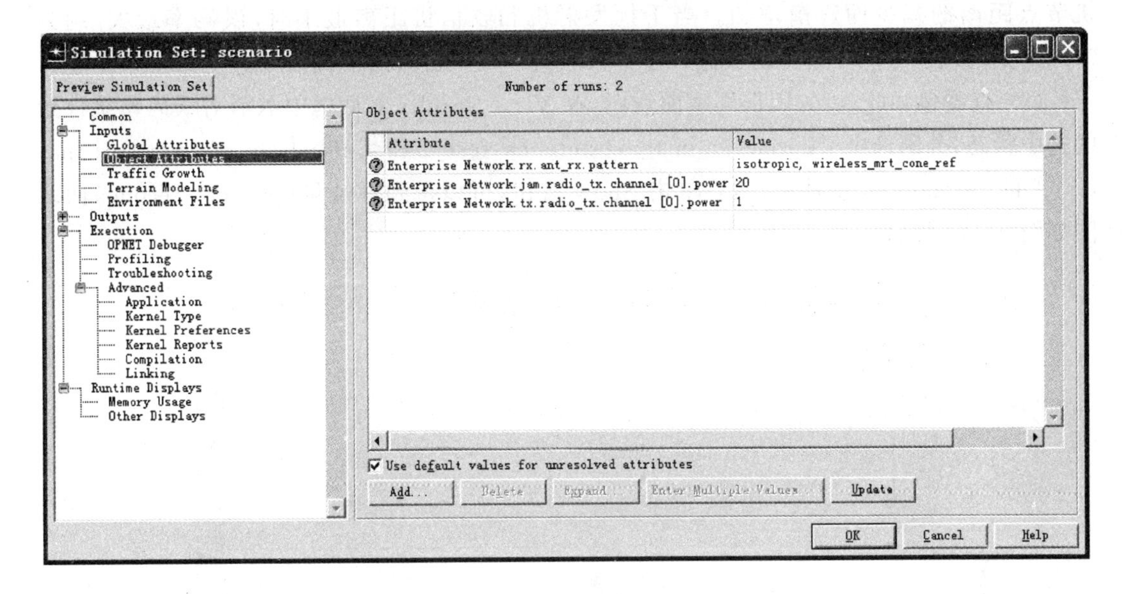

图 2-43　设置仿真参数

按钮；单击 Create a graph of a statistic 动作按钮，双击<initials>_mrt_net-antenna_test-1 左边的箭头，展开可获得的统计量的层次结构；单击 bit error rate 左边的框，然后单击 Show 按钮，把图形移到一边；取消对<initials>_mrt net0antenna_test-1 的 bit error rate 的选中；双击<initials>_mrt_net-antenna_test-2 左边的箭头，单击 bit error rate 左边的框，然后单击 Show 按钮；全向天线的误码率如图 2-44 所示。

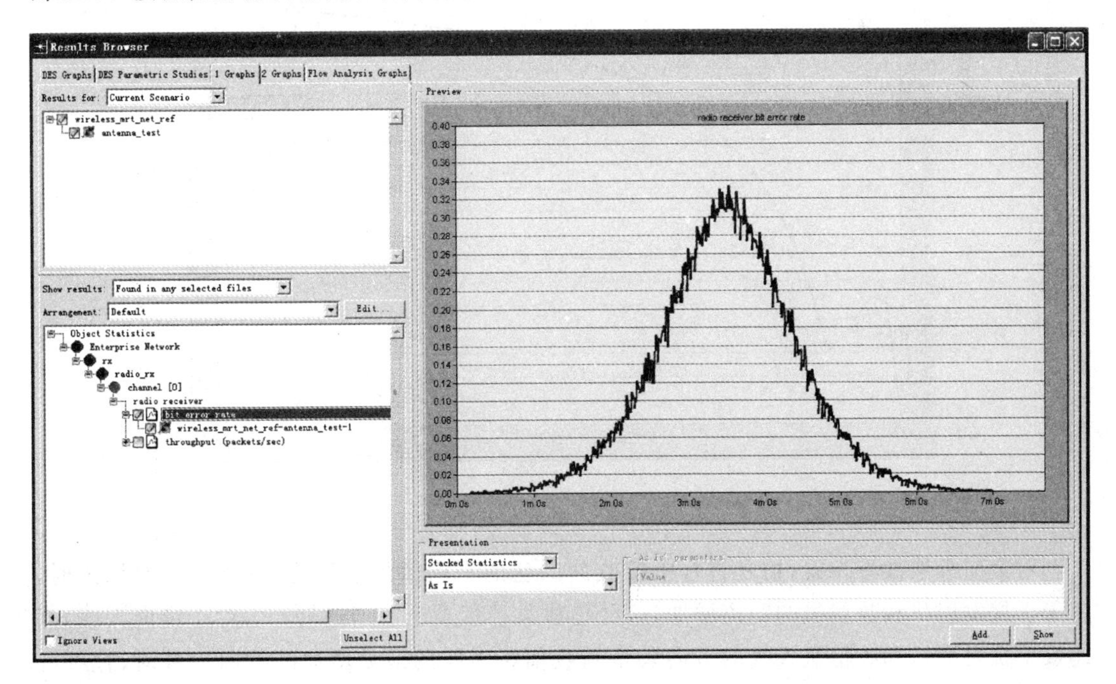

图 2-44　全向天线误码率

从图 2-44 可以分析出，全向天线模型下收信机的误码率随着干扰发射机节点和收信机节点距离的减少而逐渐增加。当干扰发射机和收信机距离最小时，误码率最大，约为0.32。全向接收天线在整个仿真过程中都接收到干扰发射机的干扰信号。

（2）查看包吞吐量：关闭误码率曲线图，在 View Results 对话框中取消对误码率统计量的选中状态；分别选中<initials>_mrt_net-antenna_test_1 和<initials>_mrt net-antenna_test_2 的 throughput 统计量，然后单击 Show 按钮，可以得到吞吐量（packets/second）曲线图如图 2-45 所示。

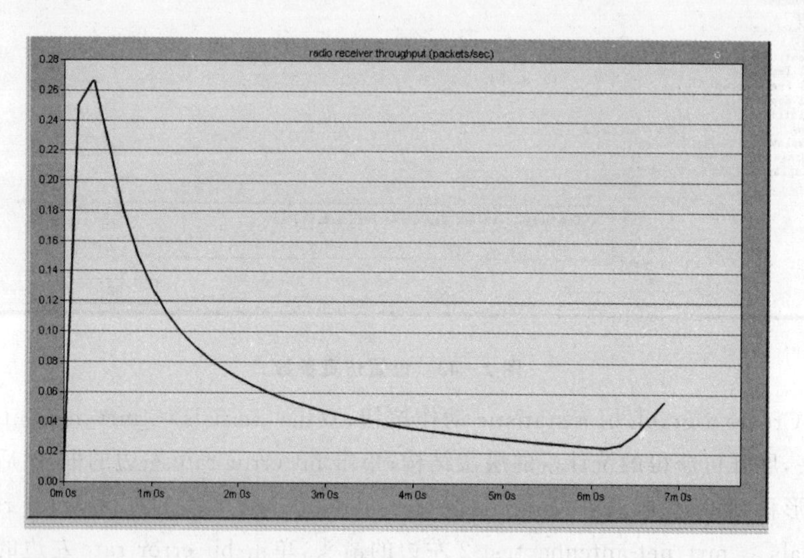

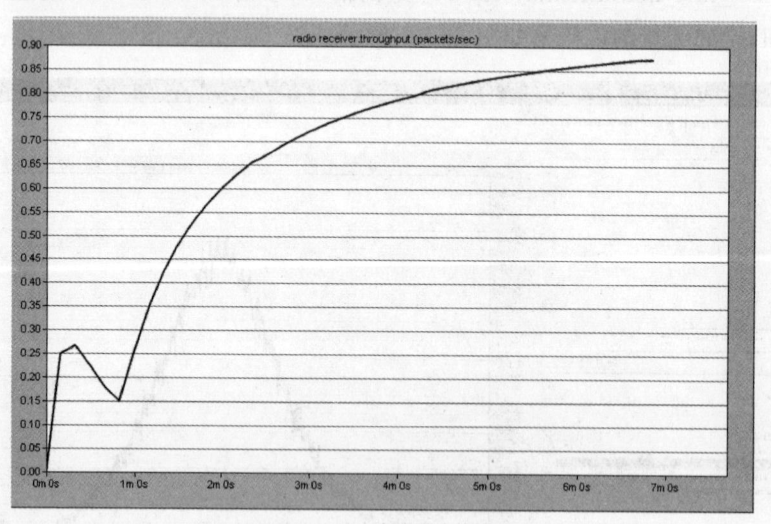

图 2-45　吞吐量曲线

对全向天线模型来说，仿真过程中接收到的包的平均值是下降的（在仿真快要结束时，由于干扰发射机和收信机的距离增加，这种趋势某种程度上有所逆转）。对于定向天线，当连接干扰发射机和收信机天线的方向矢量与收信机天线的最大增益的方向一致时，包吞吐量很低。但是，大约 1 min 之后（干扰发射机不在收信机天线的最大增益方向上），接收到的包开始增加。

思考题

1. OPNET 主要包括哪些产品，各实现什么功能？
2. OPNET Modeler 建模方式是什么样的，每层都实现哪些功能？
3. OPNET Modeler 采用何种仿真机制？
4. 在 OPNET Modeler 中如何进行无线信道建模？
5. 参考书中实例，在 OPNET 软件中设计一种无线电台的模型，进行仿真验证。

第3章　基于OPNET的流星余迹通信仿真

流星余迹通信具有大跨距、抗干扰、低截获、抗核爆等特性，使得这种通信方式可以解决复杂环境中指挥通信系统受到物理和电子攻击时的生存能力问题，成为最低限度应急通信的重要手段。但是，由于流星余迹通信的突发、间歇性，只适用于小容量和无实时要求的场合，因此流星余迹通信的发展受到了极大的限制。受环境、设备、资金和时间的限制，运用现有的设备对流星余迹通信系统进行检验和分析存在一定的局限性；而通过仿真和分析，可以验证流星余迹通信的基本原理，从网络结构、可靠性和有效性等方面得到有效的结论。本章主要介绍运用 OPNET 软件构建流星余迹点对点通信、流星余迹组网通信的原理和方法。

3.1　流星余迹通信节点模型

前面介绍了运用 OPNET 建立无线通信节点的方法和实例，下面在上述理论和方法的基础上重点介绍流星余迹通信节点的建模。

3.1.1　流星余迹通信主从节点模型

流星余迹通信过程与一般无线通信相类似，基本分为探测、建链、传输、拆链、等待五个工作状态。流星余迹这一工作状态决定了流星余迹的节点模型。

流星余迹通信节点主要包括主站和从站。主站和从站之间一般采用星形结构组成一个子网，通过双向通信单向数据传输协议；主站之间采用栅格状结构，同时采用全双工通信协议。

主站的节点模型如图 3-1 所示。最上层模块 app 代表应用层，定时产生业务包；IP 模块表示网络层，用来选取路由；trans 模块的功能是在发送端把应用层的业务包分割成物理信道上传输的数据包，并在接收端将接收到的数据包组合还原为应用层业务包；master 模块代表 MAC 层，用于信道接入。monitor 模块用来接收从接口节点发送来的含有参数信息的包，并将参数信息存储下来。发信机设为 1 个，节点向所有节点的发送频率固定不变。收信机设为 3 个，频率分别是向从站接收频率和向两个主站接收频率。主站一次只能向同一目的地址发送信息，可同时接收来自一个或多个站点发送来的信息。天线模块采用全向天线。

从站的节点模型如图 3-2 所示。从站节点模型和主站节点模型的区别在于控制信道接入的 MAC 层，即 slave 模块。从站只可能向自己所属的主站发送信息或接收来自同一主站的信息，故发信机和接收机各设一个，频率对应于主站通信的频率。

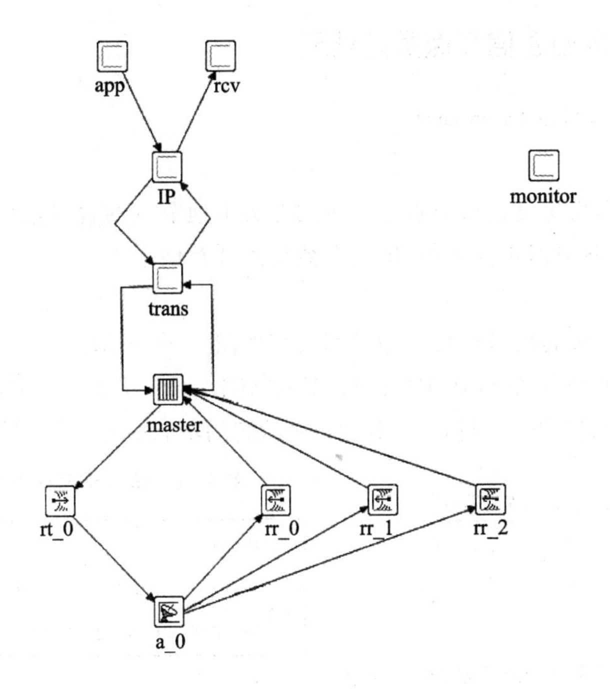

图 3-1　主站节点模型

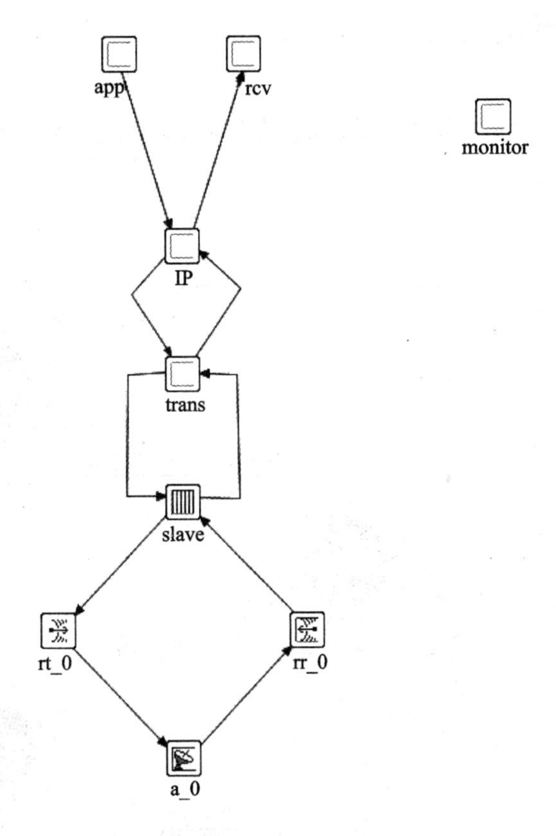

图 3-2　从站节点模型

3.1.2　流星余迹通信节点数据处理

1. 接口信息处理模块(monitor)

1）功　能

时刻等待从半实物仿真接口节点发送来的有关本地节点的含参数信息的数据包。接收到后判断包的类型，并根据不同类型，解析参数信息并存储下来。

2）进程模型

接口信息处理模块的接口信息处理进程模型如图 3－3 所示。

接口信息处理模块主要包括 INIT 和 DISCARD 两个状态机。INIT 用于初始化，而 DISCARD 用于接收数据包并进行处理，其中每个状态的功能如表 3－1 所列。

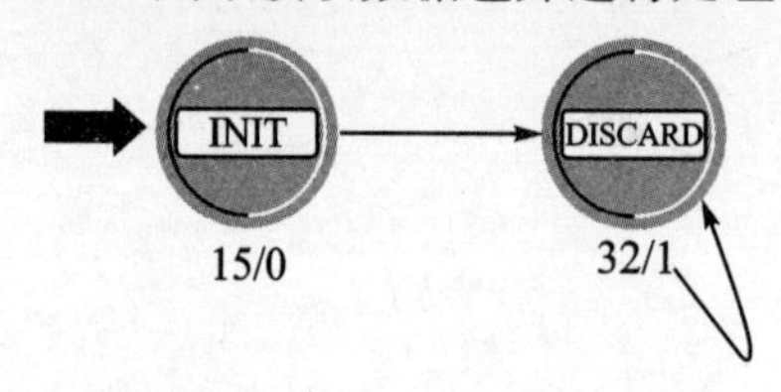

图 3－3　接口信息处理进程模型

表 3－1　接口信息处理模块状态机功能

状　态	功　能
INIT	获取节点 ID，初始化变量
DISCARD	等待接收数据包，接收到后跳转处理

2. 数据包产生模块(app)

1）功　能

定时产生业务包并向传输层发送；接收来自传输层的信息，并将接收结果进行统计。

2）进程模型

发送端进程模型如图 3－4 所示。

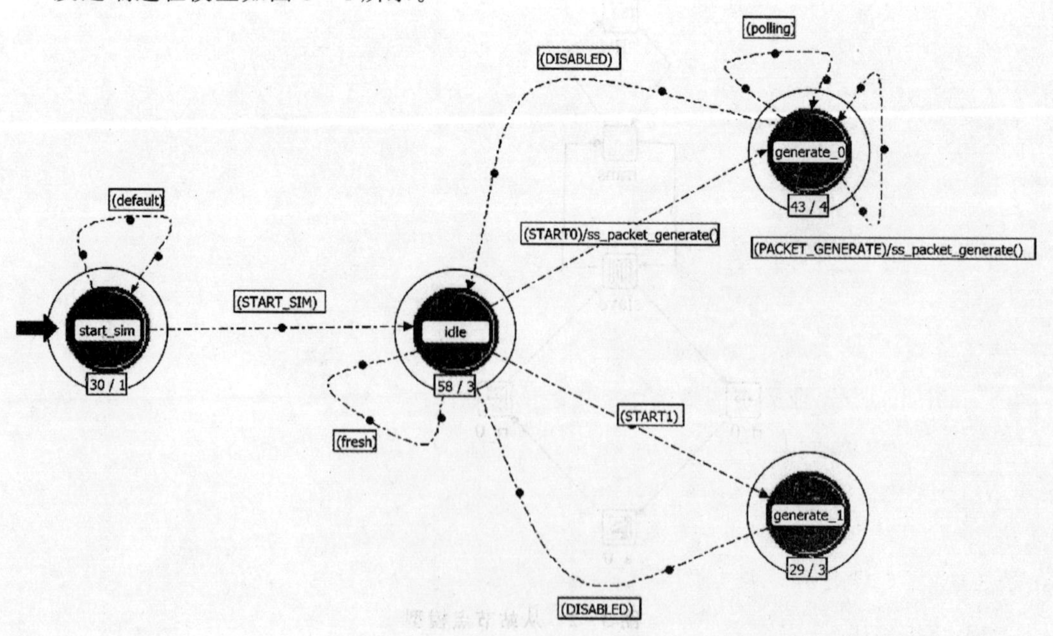

图 3－4　数据包产生模块进程模型

数据包产生模块主要包括 Start_sim、Idle、Generate_0 和 Generate_1 四个状态机。Start_sim 用于控制仿真开始，Idle 用于变量初始化，Generate_0 用于获取持续产生包的参数信息，Generate_1 用于获得产生单包的参数信息，其中每个状态的功能如表 3－2 所列。

表 3－2　数据包产生模块状态机功能

状　态	功　能
Start_sim	等待接收实际物理网络传入的仿真开始时间，控制仿真开始
Idle	获取节点属性，变量初始化，定时查询和等待产生包的指令
Generate_0	获取持续产生包的参数信息，触发中断，每隔一段时间产生规定格式和长度的业务包
Generate_1	获得产生单包的参数信息，触发中断，一次产生固定长度的数据包

每个状态的跳转条件如表 3－3 所列。

表 3－3　数据包产生模块状态跳转条件说明

跳转条件	说　明
START_SIM	当仿真时间到达产生数据包的起始时刻
Fresh	定时查询获取产生包的参数
polling	定时查询是否有清理缓存的指令
START0	发包模块开始进入持续产生数据包模式
START1	发包模块进入产生单个数据包模式
PACKET_GERNERATE	跳转的间隔达到产生数据包的时间间隔
DISABLED	获得清理缓存指令

3）包格式

应用层生成的数据包格式如图 3－5 所示。

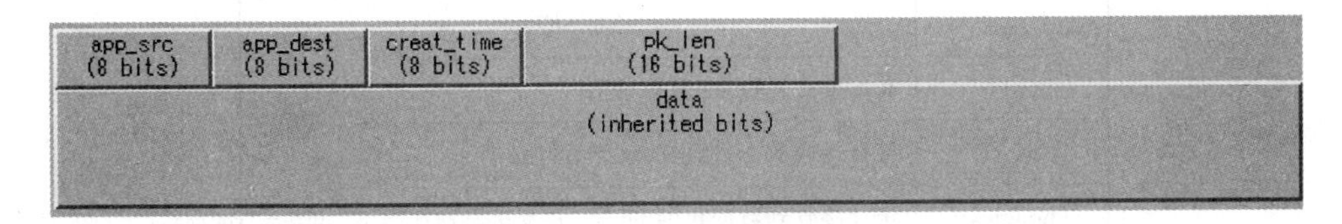

图 3－5　应用层产生的包格式

图中：app_src——业务包的源地址；

app_dest——业务包的目的地址；

creat_time——包产生的时间；

pk_len——应用层产生包的长度；

data——数据部分。

3. 数据包接收模块(rcv)

1）功能描述

统计吞吐量、时延等仿真统计量，并将统计量发送至物理网络。

2）进程模型

数据包接收模块进程模型如图 3-6 所示。

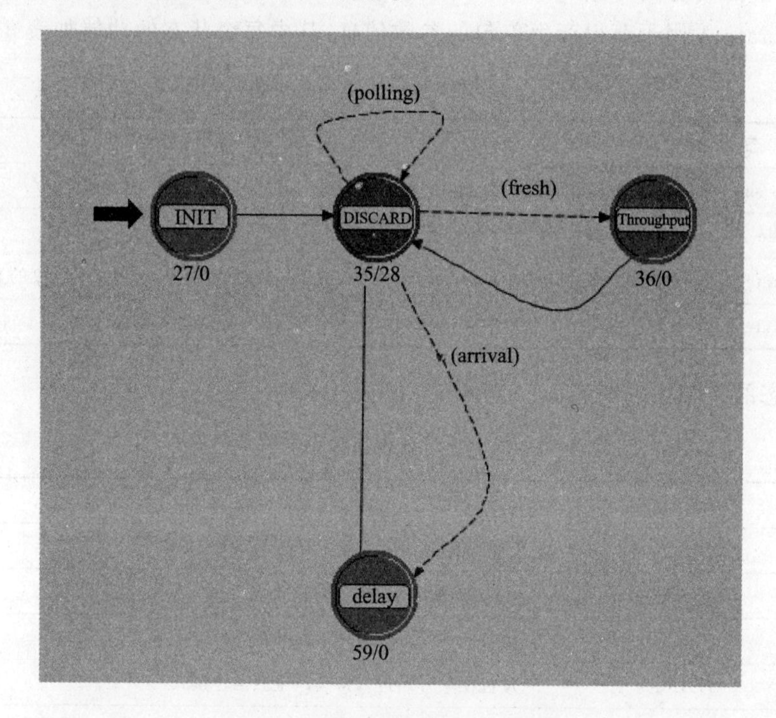

图 3-6　数据包接收模块进程模型

数据包接收模块主要包括 INIT、DISCARD、Thoughput 和 delay 四个状态机。INIT 用于初始化，DISCARD 用于统计吞吐量，thoughput 用于统计数据包大小，delay 用于统计数据包时延，每个状态的功能如表 3-4 所列。

表 3-4　数据包接收模块状态机功能

状　态	功　能
INIT	获取节点属性，变量初始化
DISCARD	等待接收数据包，定时统计吞吐量
Thoughput	统计接收到数据包的 bit 数，并发送至物理网络
delay	统计接收到数据包的时延，并发送至物理网络

每个状态的跳转条件如表 3-5 所列。

表 3-5　数据包接收模块状态跳转条件说明

跳转条件	说　明
fresh	当跳转时间间隔到达设定的跳转间隔时
polling	定时查询缓存清理指令，将统计量清零
arrival	当有业务包达到接收模块时

4. 网络层模块(IP)

1）功能描述

网络层主要实现路由的寻址功能。针对流星余迹通信的实际情况，我们采用的是查表寻址的静态路由，事先将每个节点的路由表输入到仿真节点，当网络层需要发送数据包时，按表查找路由。

2）进程模型

网络层模块进程模型如图 3－7 所示。

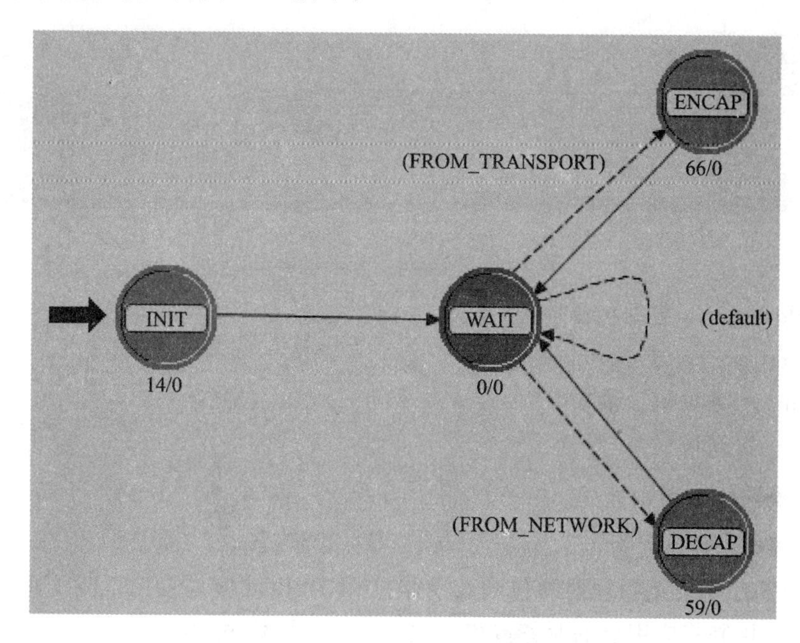

图 3－7　网络层模块进程模型

网络层模块进程包括 INIT、WAIT、ENCAP 和 DECAP 四个状态机。INIT 用于初始化，WAIT 用于接收数据包等待，ENCAP 用于应用层数据包处理，DECAP 用于数据链路层数据包处理，其中每个状态的功能如表 3－6 所列。

表 3－6　网络层模块各状态机功能

状　态	功　能
INIT	获取节点属性，实现路由表的初始化设置，各节点更新自己的路由信息
WAIT	等待接收数据包的状态
ENCAP	接收应用层数据包，解出绑定 ICI 数据包获取发送目的地址，查找路由表，找出下一跳目的地址，封装网络层 IP 包，绑定 ICI 填写下一跳目的地址，并把数据包发送给数据链路层
DECAP	接收数据链路层发送上来的数据包，解析目的地址是否为本节点。如果为发送给本节点的数据包，则解析出数据包发送给上层传输层；如果数据包目的地址不是本地地址，则查找路由表，找出下跳地址，进行转发

每个状态的跳转条件如表 3－7 所列。

表 3-7　网络层模块状态跳转条件说明

跳转条件	说　明
FROM_TRANSPORT	接收到从应用层传下来的包
FROM_NETWORK	接收到从数据链路层传上去的包

3）包格式

网络层生成的数据包格式如图 3-8 所示。

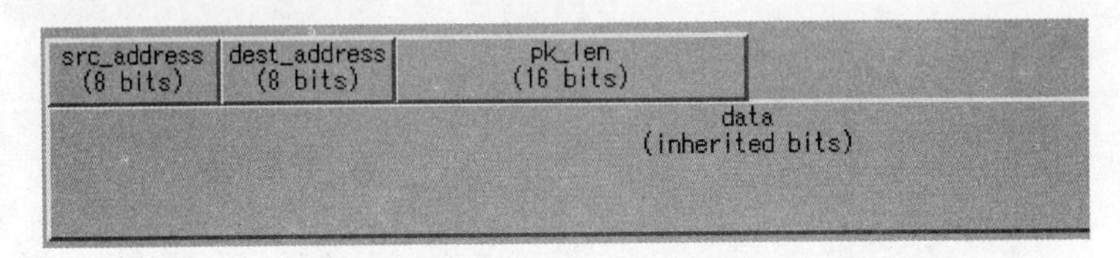

图 3-8　网络层产生的包格式

图中：src_address——数据包源地址；
dest_address——数据包目的地址；
pk_len——数据包长度；
data——数据域。

5. 分包模块(trans)

1）功能描述

由于从 MAC 层发至物理层的包大小及格式固定，因此应用层向下发送的包大小不固定，需通过分包机制将应用层的业务包统一转换为物理层传输的包格式。

若应用层业务包长度小于 80 bit，则无需分包，将业务包认定为一个数据分组，加上数据分组的包头；若应用层业务包长度大于 80 bit，则将应用层业务包拆分为多个长度不超过 80 bit 的数据分组，每个分组加上各自的包头。来自同一个业务包的序号相同，分组序号根据数据分组在业务包中的位置决定。若某数据分组是业务包的最后一个分组，则将结束标志置为有效。数据分组包头用于在接收端将数据分组组合为业务包。

2）进程模型

分包模块进程模型如图 3-9 所示。

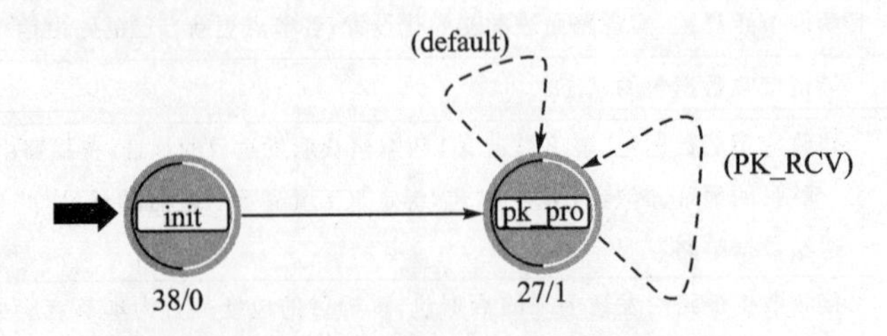

图 3-9　分包模块进程模型

分包模块主要包括 init 和 pk_pro 两个状态机。INIT 用于初始化，pk_pro 用于数据包接收处理，其中每个状态的功能如表 3-8 所列。

表 3－8　分包模块各状态机功能

状　态	功　能
init	获取节点属性，变量初始化
pk_pro	处理接收到的数据包。若数据包从网络层接收到，则分包转发至 MAC 层；若数据包从 MAC 层接收到，则组包转发至网络层

3）包格式

从上层发往 MAC 层的业务包通过拆分和加包头，组成数据分组，分组长度 120 bit，格式如图 3－10 所示。

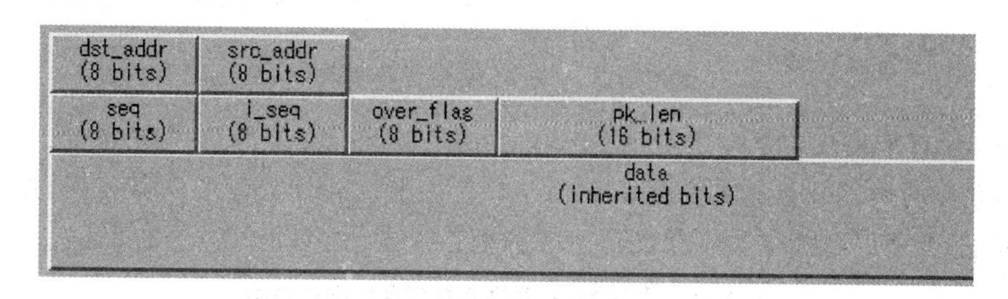

图 3－10　数据分组结构

图中：dst_addr——目的节点 ID 号；

src_addr——本节点 ID 号；

seq——应用层下发的业务包顺序号；

i_seq——将应用层业务包拆分后的分组顺序号；

over_flag——结束标志出现时，代表此分组为该业务包的最后一个分组；

pk_len——从网络层下发的数据包长度，用于计算累计接收 bit 数所占包长的百分比；

data——分组数据。

6. MAC 层模块(master/slave)

1）信道划分

主站之间通信采用不同频率，从站与同一主站的上行频率相同，主站与自身从站的下行频率相同。在这种情况下分配频率的规律可概括如下：

（1）主站向自己的从站及其他主站的发送频率相同，但不同主站的发送频率互不相同。

（2）不同从站向自己所属主站的发送频率均相同。

2）时隙划分

信道的通断由流星持续的时间决定。假定流星存在的时间以 100 ms 为单位，则将通信时隙划分为 100 ms，节点按时隙进行通信。

3）功能描述

根据流星余迹信道的特点，流星余迹通信系统链路层一般有主站—主站通信方式和主站—从站通信方式。

4）进程模型

主站 MAC 层模块的进程模型如图 3－11 所示。

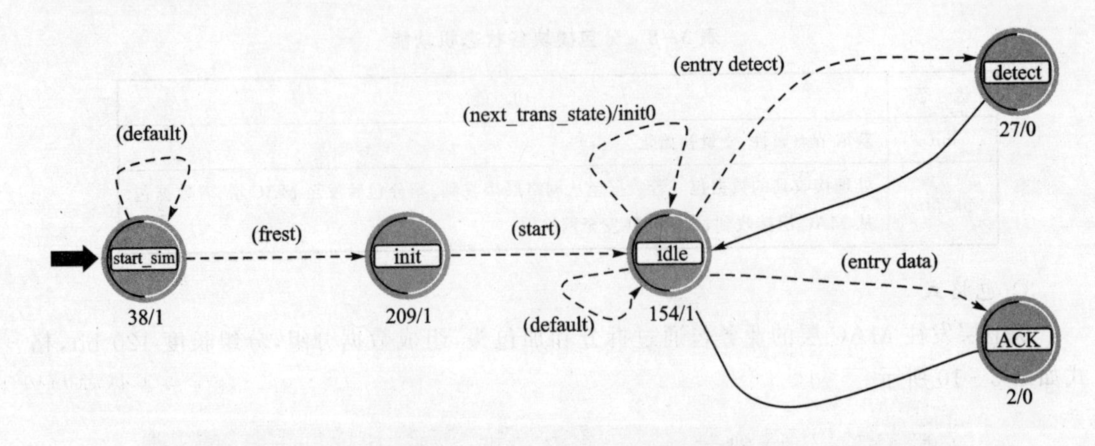

图 3-11　主站 MAC 层进程模型

主站 MAC 层模块主要包括 start_sim、init、idle、detect 和 ACK 五个状态机。start_sim 用于控制仿真开始，init 用于初始化，idle 用于等待处理，detect 用于探测帧发送，ACK 用于回复帧发送，其中每个状态的功能如表 3-9 所列。

表 3-9　主站 MAC 层进程模型各状态机功能

状　态	功　能
start_sim	等待接收实际物理网络传入的仿真开始时间，控制仿真开始
init	获取节点属性，变量初始化，初始化收发信机频率，由接口数据确定信道的通断时间和每段时间节点通信的目的地址
idle	等待状态，若此时间点不在本节点的通信时间段内，则等待到达通信时间；或在本节点的通信时间内，等待接收目的节点发来的信息
detect	当本节点到达自己的通信时间，且符合发送探测帧的条件时，跳转进该状态向目的节点产生并发送探测帧
ACK	当本节点到达自己的通信时间，且符合发送 ACK 回复帧的条件时，跳转进该状态向目的节点产生并发送 ACK 回复帧和数据帧（缓存中有数据的情况下）

每个状态的跳转条件如表 3-10 所列。

表 3-10　主站 MAC 层进程模型状态跳转条件说明

跳转条件	说　明
fresh	当跳转时间到达设定的仿真起始时间时
start	完成初始化后立刻跳转
next_trans_state	每隔 0.1 s 完成一次状态跳转
entry_detect	满足发送探测帧的条件
entry_data	满足发送数据的条件

从站 MAC 层模块 slave 的进程模型如图 3-12 所示。

从站 MAC 层模块主要包括 start_sim、init、idle 和 ACK 四个状态机。start_sim 用于控

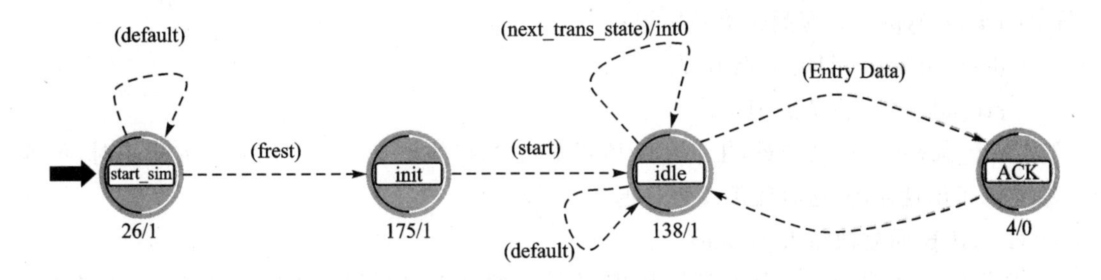

图 3-12　从站 MAC 层进程模型

制仿真开始，init 用于初始化，idle 用于等待处理，ACK 用于回复帧发送，其中每个状态的功能如表 3-11 所列。

表 3-11　从站 MAC 层进程模型各状态机功能

状　态	功　能
start_sim	等待接收实际物理网络传入的仿真开始时间，控制仿真开始
init	获取节点属性，变量初始化，初始化收发信机频率，设定信道的通断时间和每段时间节点通信的目的地址
idle	等待状态。若此时间点不在本节点的通信时间段内，则等待到达通信的时间；或在本节点的通信时间内，等待接收目的节点发来的信息
ACK	当本节点到达自己的通信时间，且符合发送 ACK 回复帧的条件时，跳转进该状态向目的节点产生并发送 ACK 回复帧和数据帧(缓存中有数据的情况下)

5）包格式

帧结构包含 4 种类型：探测帧、ACK 回复帧、数据起始帧、数据帧。

(1) 探测帧(detect_frame)

发送时间：在流星余迹出现的起始时刻，两节点间的信道可用，此时向对方节点发送探测帧。

发送节点：主站。

接收节点：主站或从站。

帧长度：40 bit。

发送内容如图 3-13 所示。

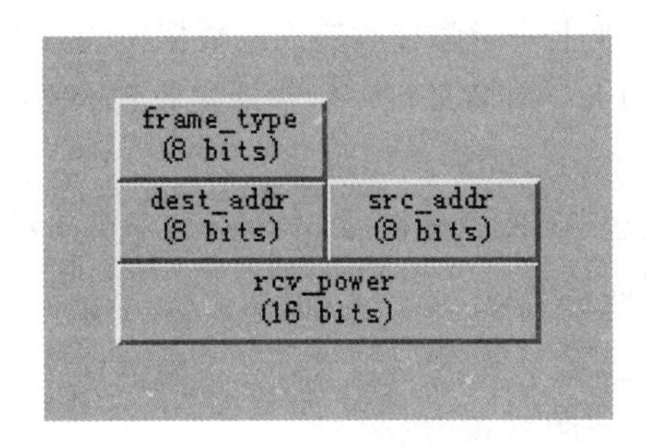

图 3-13　探测帧结构

图中：frame_type——探测帧类型标识；

dest_addr——目的节点 ID 号；

src_addr——本节点 ID 号；

rcv_power——已知量，主要用于仿真误码，当接收电平与接收门限相差很小时，可等价于出现误码，这时就需要进行退 N 重传。

(2) ACK 回复帧(ack_frame)

发送时间：当节点正确接收到探测帧，或接收到 ACK 回复帧，或接收到 ACK 回复帧和数据帧后，在下一个 100 ms 的起始时刻，向对方发送 ACK 回复帧。

发送节点：主站，从站。

接收节点：主站或从站，主站。

帧长度：48 bit。

发送内容如图 3-14 所示。

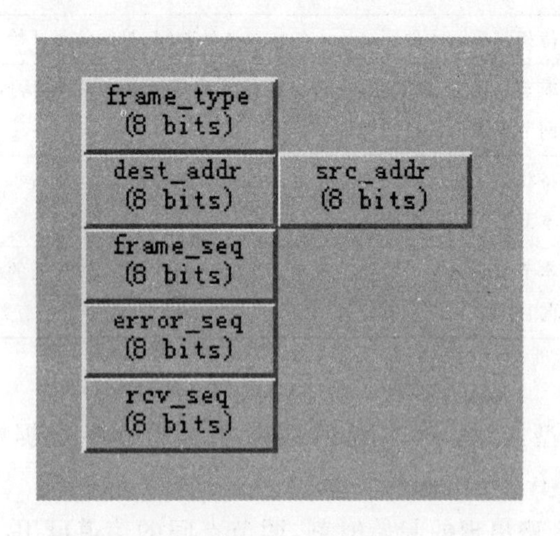

图 3-14　ACK 回复帧结构

图中：frame_type——ACK 回复帧类型标识；

dest_addr——目的节点 ID 号；

src_addr——本节点 ID 号；

frame_seq——ACK 回复帧的顺序号；

error_seq——标明上一时隙接收错误的数据帧的顺序号；

rcv_seq——标明上一时隙最后一帧正确接收到的数据帧的序号。

(3) 数据起始帧(data_start_frame)

发送时间：当本时隙发送 ACK 回复帧后，本节点有需要向对方节点发送的数据帧，在发送数据帧前，首先发送数据起始帧。

发送节点：主站，从站。

接收节点：主站或从站，主站。

帧长度：32 bit。

发送内容如图 3-15 所示。

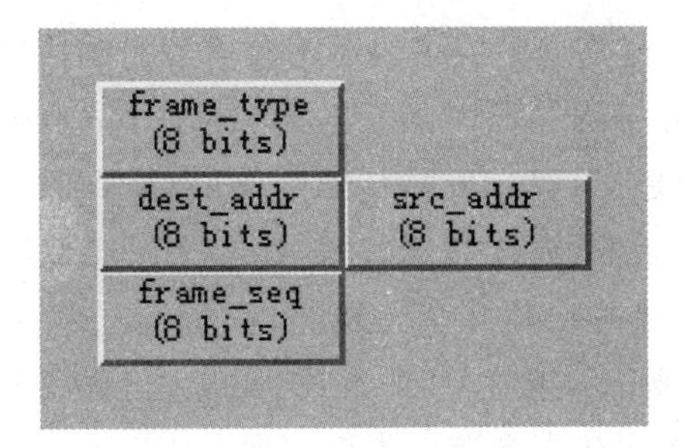

图 3-15　数据起始帧结构

图中：frame_type——数据起始帧类型标识；

dest_addr——目的节点 ID 号；

src_addr——本节点 ID 号；

frame_seq——数据起始帧的顺序号。

(4) 数据帧(data_frame)

发送时间：当本时隙发送数据起始帧后，根据传输速率，发送相应个数的数据帧。

发送节点：主站，从站。

接收节点：主站或从站，主站。

帧长度：128 bit。

发送内容如图 3-16 所示。

图 3-16　数据帧结构

图中：data_seq——数据消息的顺序号；

data——MAC 层将要发给物理层的数据分组(seg_data)。

3.2　流星余迹通信协议

由于流星余迹通信的突发性等特点，流星余迹通信采用特殊的通信协议。下面重点介绍实现流星余迹通信协议仿真的原理及机制。

3.2.1　通信协议设计

1. 基本原理

对流星余迹而言，主站间采用全双工工作方式，其链路通信协议包括面向比特和面向字符两种。流星余迹持续时间短，因此对于所传输的信息，根据信息长短的不同，可能通过一个余迹完成，也可能通过多个余迹完成。

(1) 面向比特的全双工链路通信协议。对于数据较小的信息,单个余迹可完成的通信,过程相对比较简单。发送方每隔一段时间发送探测帧,并不断接收;当出现可用余迹时,接收方会发回一个响应,完成建链,双方开始传递数据,直至双方不再有数据传输。在一段时间后,双方进行拆链。拆链后,双方计数器清零,进入下一次数据传输的等待时间。对于较大的数据包,多个信息帧完成一次信息传输的情况比较复杂,主要解决前后余迹的衔接问题,既要保证顺序正确,又要保证数据不丢不重(可以通过检错重传技术和滑窗机制来实现)。与单个余迹不同,多个余迹在余迹消失而数据未传送完时,并不进行拆链,而是直到所有数据传输完成后才拆链。

(2) 面向字符的全双工链路通信协议。全过程包括启动、数据传输和停动三个过程。首先双方检测信道信噪比,当超过门限值时,可以认为本次流星余迹可用,双方检查设备是否允许启动。若允许,进行相应的启动过程。值得注意的是,收发方都要不停地检测信噪比是否超过信噪比门限值。启动成功后,进行数据传输,直到信噪比低于信噪比门限值或者数据传送完毕,才进行停动(停止传输)。

流星余迹通信系统中,主站—从站间多采用半双工工作方式。与全双工协议相同,主站对从站进行连续的链路检测,收到确认帧后进行建链传输数据,传输完后进行拆链,但半双工工作方式要解决信道使用问题。在此工作方式下,数据要么从主站到从站,要么从从站到主站,数据流通只能是单向的。因此主站 A 在向从站传输数据时,建链后,要按照先后顺序依次将信息传到站 B、站 C 等从站。对于多次余迹,采用超时重传机制,而后统一拆链,停止传输。半双工通信方式下,实现传输控制和收发转换。

2. 通信协议

基于流星余迹通信的原理,结合流星余迹节点模型,主站—从站方式中,主从之间采用半双工通信,主站主动发起探测,从站则只有在收到探测信号后才能回传应答和信息。按此原理设计的主站—从站传输协议如图 3-17 所示。

主站说明	主　站	从　站	从站说明
建立信道,发送周期性探测信号	探测帧→		接收到探测信号后,若有向主站发送的数据,则发送应答帧、开始帧和数据帧;否则,只发送应答帧
接收从站的信号,判断从站来的内容。若只接收到应答帧,则根据应答帧的内容组织待发送数据;若同时接收到开始帧和数据帧,则对接收到的数据进行检错,得到错误的包号,在应答帧返回错误包号,同时返回开始帧和应答帧(若到从站的数据没有发送完)	应答帧→ 【开始帧】→ 【数据帧】→	←应答帧 ←【开始帧】 ←【数据帧】	接收主站的信号,判断主站来的内容。若只接收到应答帧,则根据应答帧的内容组织待发送数据;若同时接收到开始帧和数据帧,则对接收到的数据进行检错,得到错误的包号,在应答帧返回错误包号,同时返回开始帧和应答帧(若到主站的数据没有发送完)
	⋮	⋮	
接收从站来的数据,且发往从站的数据发送完毕,仅发送应答帧给从站	应答帧→		
	⋮	⋮	
		←应答帧	发往主站的数据发送完毕后,仅发送应答帧给主站

图 3-17　主站—从站传输协议

协议工作流程如图 3－18 所示。

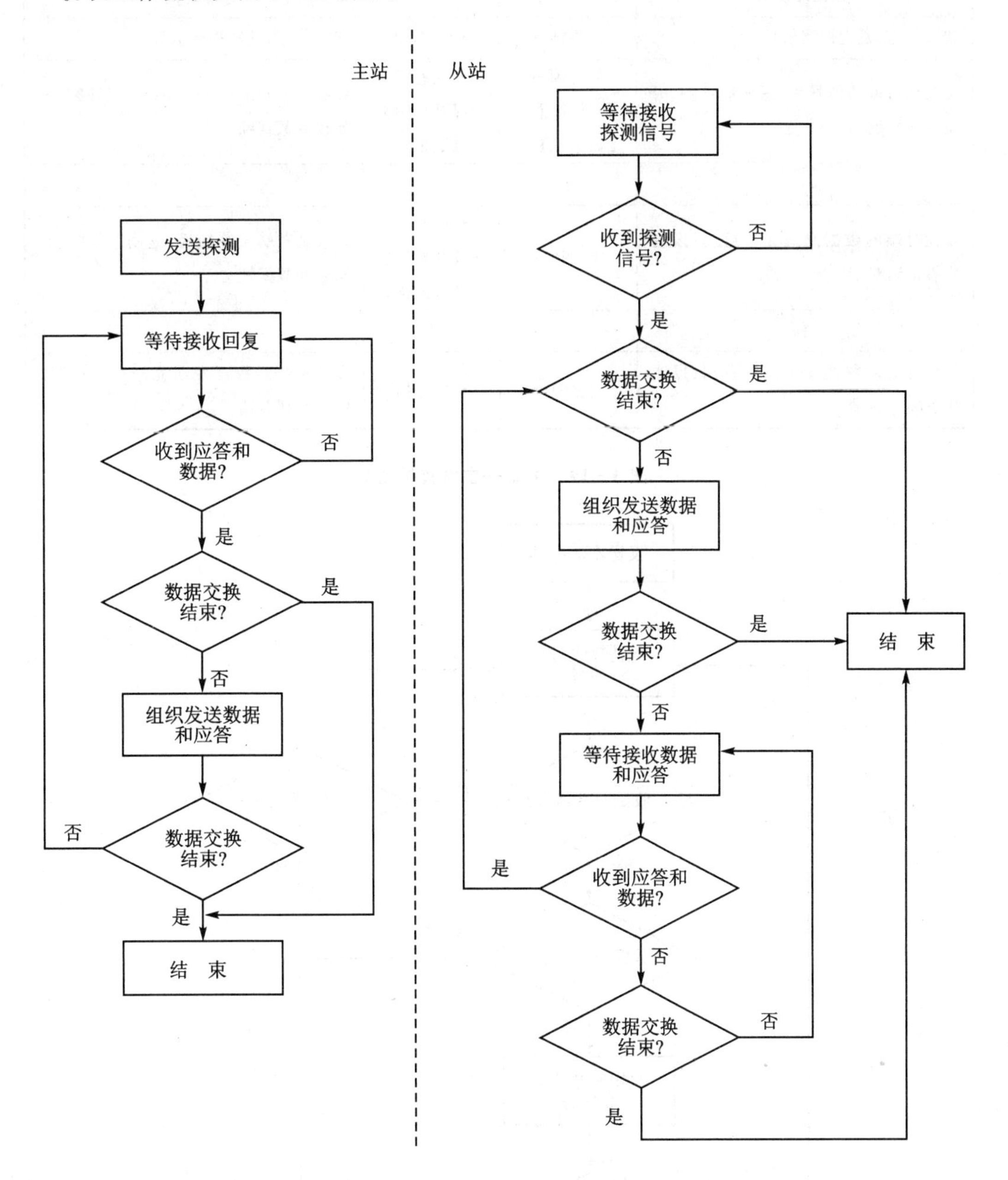

图 3－18　主站—从站半双工模式工作流程

在主站—主站通信方式中，主站与主站之间采用全双工通信模式，两个主站可以同时发送探测，当探测到信道存在后，根据通信协议发送数据信息，探测帧之间的间隙为 100 ms。当信道消失后，通信双方又回到探测模式，同时把收到的数据记录到缓存中，把要发送的数据打包放置到发送队列中去。

据此设计的通信协议如图 3－19 所示。

协议工作流程如图 3－20 所示。

主站 A 说明	主站 A	主站 B	主站 B 说明
建立信道，发送探测信号	探测帧→	←探测帧	建立信道，发送探测信号
接收到对端的信号后，返回应答帧、开始帧和数据帧	应答帧→ 【开始帧】→ 【数据帧】→	←应答帧 ←【开始帧】 ←【数据帧】	接收到对端的信号后，返回应答帧、开始帧和数据帧
	⋮	⋮	
发往对端的数据发送完毕后，只发送应答帧到对端	应答帧→	←应答帧 ←【开始帧】 ←【数据帧】	接收到对端应答帧后，返回应答帧、开始帧和数据帧
	⋮	⋮	
发往对端的数据发送完毕后，只发送应答帧到对端	应答帧→	←应答帧	发往对端的数据发送完毕后，只发送应答帧到对端

图 3-19　主站—主站传输协议

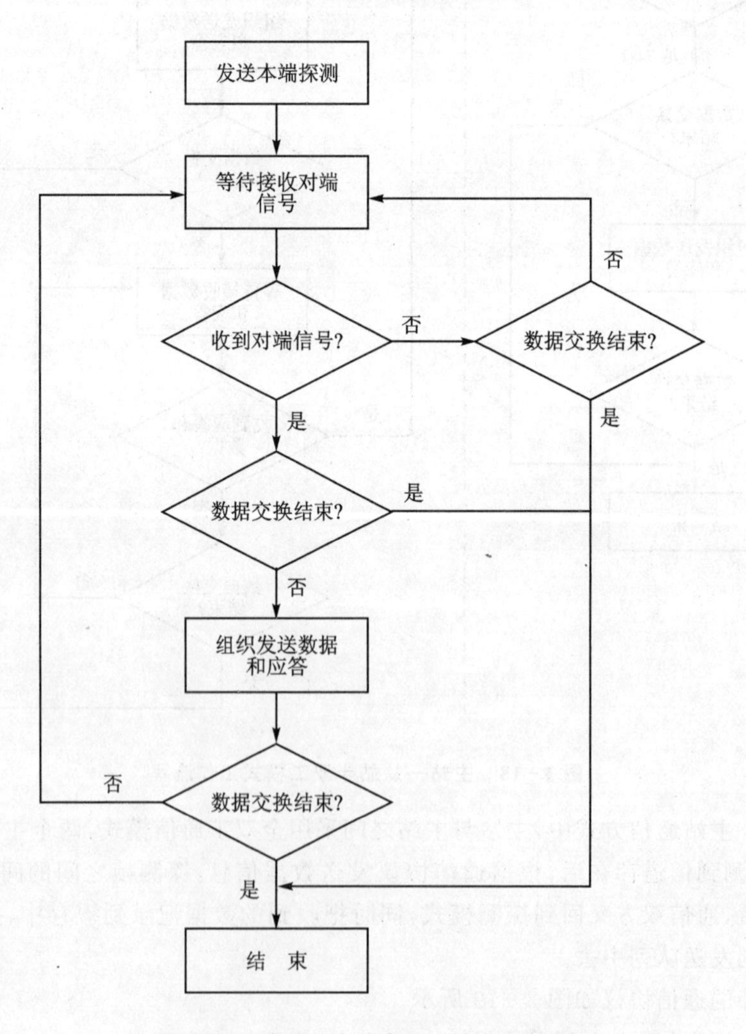

图 3-20　主站—主站全双工模式工作流程

3.2.2　退 *N* 重传机制

发端在没有收到对方应答的情况下，可以连续发送 *N* 帧，收端仅接收正确且顺序连续的帧。退 *N* 重传机制中，收端不需要每收到一个正确的帧就发出一个应答，可对接收到的正确顺序的最大帧号进行应答。在退 *N* 步 ARQ 系统中，码序列为连续发送。发送端送出一个码序列后不必等待其反馈信息就可以发送下一个序列。经过一个往返延迟时间后，相应序列的反馈信息才到达发送端。往返延迟时间通常定义为从发送一个码序列到接收到它的反馈信息之间的时间间隔。在此期间，发送端又已经送出另外 $N-1$ 个序列。如果接收到的是 ACK 信号，发送端就继续发送新的码序列。一旦收到的是 NAK 信号，发送端就需要重新发送对应于此 NAK 信号的码序列以及后续的 $N-1$ 个发送的码序列。这样，发送端需要一个能存储 *N* 组码序列的缓存器。接收端对检出有错的那个码序列之后的 $N-1$ 个序列，不管其正确与否都一律丢弃。

假定仿真中每个通信时隙节点发送一个数据分组，传输过程中分组 3 接收错误，则接收节点向发送节点回复错误标志。发送节点接收到错误标志后，无论已发送到哪个分组，都从错误分组 3 按顺序重新发送，如图 3-21 所示。

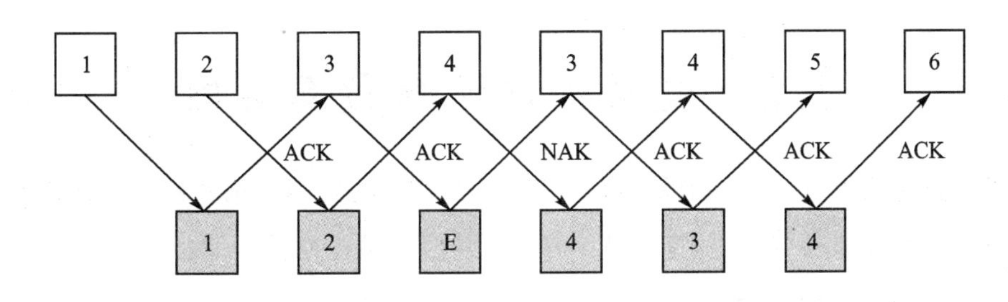

图 3-21　退 *N* 重传机制示意图

3.2.3　存储队列设置

在仿真中，应用层下发至 MAC 层的信息要发往不同目的节点，根据目的节点号将分组信息存储在 MAC 层的不同缓存队列中，当需要发送信息时，从相应缓存中取出分组并发送。

从网络拓扑结构中可得，直接和某从站通信的站点只可能是该从站所属的主站，而与某主站通信的站点可能是所属该主站的从站，也可能是其他主站。

在 OPNET 缓存中使用不同的队列标号来区分存储发向不同目的节点消息的队列，所有发往同一节点的消息存储在同一发送队列中。考虑到所有节点按照同一选取规则选择存储队列，需设计一种算法使得对于每个节点尽量节省存储空间。

本缓存队列设置方法最多支持 10 个主站，所占用存储队列的队列号范围是 0～9，最多支持 10 个从站，存储队列的队列号大于 10。信息的目的节点号与信息存储的缓存队列的编号对应如表 3-12 所列。

表 3-12　缓存队列设置

主　站	对应缓存编号	从　站	对应缓存编号
00	0	01 02 ⋮	10 11 ⋮
10	1	11 12 ⋮	10 11 ⋮
20	2	21 22 ⋮	10 11 ⋮
⋮	⋮	⋮	⋮
90	9	91 92 ⋮	10 11 ⋮

3.3　流星余迹通信仿真实例

流星余迹通信仿真过程较为复杂，下面以一个具体的实例详细介绍在 OPNET 环境下建立流星余迹通信仿真场景，进行仿真及分析数据的方法。

3.3.1　仿真场景设计

如图 3-22 所示，仿真场景中网络拓扑有 12 个节点，网络中的节点信息经过多跳传递

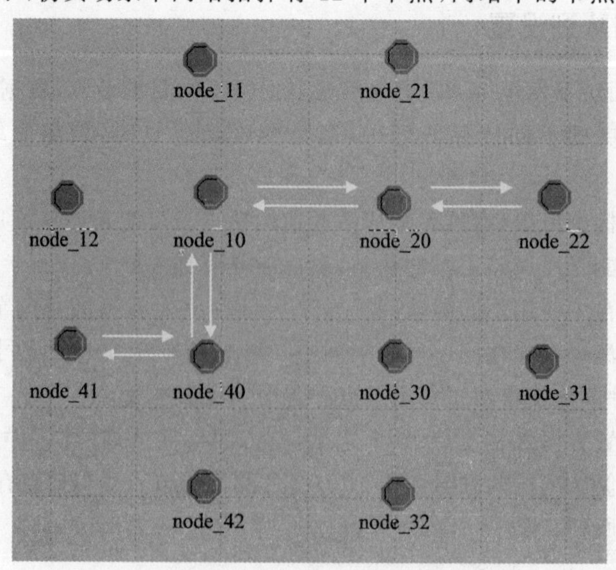

图 3-22　流星余迹通信仿真场景

至目的节点。信道通断时间设置不依赖于物理网络传递的信息，在初始化程序中预先设定，保证信息从源节点经过有限时间可以到达目的节点。

设节点 22 产生了目的节点是 41 的信息，从站 22 必须要经过主站 20 发向目的节点 41 的主站 40。从主站 20 到主站 40 需经过一跳中继到达，根据路径选择算法，优先选择节点 10 作为中继节点。信息在节点间的传输如图 3－22 所示。为了方便观察仿真结果，将信道的通断情况进行设置，如表 3－13 所列。

表 3－13　通信的节点对与通信时间的对应关系

开始时间/s	停止时间/s	通信节点对	开始时间/s	停止时间/s	通信节点对
0.5	1.0	22,20	10.5	11.0	22,20
1.5	2.0	20,10	11.5	12.0	20,10
2.5	3.0	10,40	12.5	13.0	10,40
3.5	4.0	40,41	13.5	14.0	40,41
4.5	5.0	41,40	14.5	15.0	41,40
5.5	6.0	40,10	15.5	16.0	40,10
6.5	7.0	10,20	16.5	17.0	10,20
7.5	8.0	20,22	17.5	18.0	20,22

3.3.2　仿真过程分析

在仿真过程中，从应用层产生的信息下发经过传输层和网络层到达 MAC 层的 IP 包，长度是 232 bit，经过分包程序，将 IP 包分成最大长度为 80 bit 的数据分组，再加上包头，总长度不超过 128 bit。一个 232 bit 长度的 IP 包可分为 3 个 MAC 层数据包，并存储在 MAC 层的发送队列中。

信道初始状态：

```
insert mac----own_id:22-----dest_address:20---time:0.000000
own_id:22,  pk_num:1,  time:0.000000
insert mac----own_id:22-----dest_address:20---time:0.000000
own_id:22,  pk_num:2,  time:0.000000
insert mac----own_id:22-----dest_address:20---time:0.000000
own_id:22,  pk_num:3,  time:0.000000
```

在第 0 s 时，节点 22 的 MAC 层发送队列中保存有 3 个下一跳地址为 20 的数据包。

信道 0.5 s 状态：

```
-----master_station send detecting time---time:0.500000,  own_id:20,  dest_addr:22
-----slave_station rcv detecting time---time:0.502509,  own_id:22,  dest_addr:20
```

在 0.5 s 时刻，主站 20 和从站 22 之间的信道属于开通阶段。主站 20 开始向从站 22 发探测，从站 22 接收到来自主站 20 的探测帧。

信道 0.6 s 状态：

```
-----slave_station send ack time---time:0.600001,  own_id:22
-----slave_station send start frame time---time:0.600001,  own_id:22
-----slave_station send data frame time---time:0.600001,  own_id:22
```

在下一个时隙 0.6 s 时，从站向主站回复，检查发送队列中有待发送的数据包，从站 22 在向主站 20 回复 ACK 帧后，回复数据起始帧和数据帧。本仿真中，设定一次数据发送过程可以发送 3 个数据帧。

主站 20 接收数据：

```
-----master_station rcv ACK time---time:0.603510,  own_id:20
-----master_station rcv start frame time---time:0.605510,  own_id:20
-----master_station rcv data frame time---time:0.613510,  own_id:20
-----master_station rcv data frame time---time:0.621510,  own_id:20
-----master_station rcv data frame time---time:0.629510,  own_id:20
```

主站 20 接收到从站 22 发来的数据，从 ODB 调试界面可以看出先后收到 ACK 回复帧、数据起始帧和 3 个数据帧。主站 20MAC 层接收到数据包后经过组包发送至网络层，由网络层判断该数据帧是发往本节点或由本节点作为中继节点发至其他节点。

路由查询处理：

```
网络层-----本节点地址:20,  最终目的地址:41
网络层-----本节点地址:20,  下一跳目的地址:10
```

网络层判断出数据帧的最终目的地址不是本节点，且通过查询路由表得出下一跳目的地址是节点 10。故将目的地址改为 10，分包后向下发送至 MAC 层，存储在 MAC 层对应发往节点 10 的发送队列中。

信道 0.7～1.0 s 状态：

```
insert mac----own_id:20-----dest_address:10---time:0.629510
pk_num:1
insert mac----own_id:20-----dest_address:10---time:0.629510
pk_num:2
insert mac----own_id:20-----dest_address:10---time:0.629510
pk_num:3
```

从 0.7～1.0 s，由于节点 22 和节点 20 之间没有数据要互相发送，因此只相互发送 ACK 回复帧即可。

信道无数据发送状态：

```
-----master_station send ack time---time:0.700001,  own_id:20
-----slave_station rcv ack time---time:0.703510,  own_id:22,  dest:20
-----slave_station send ack time---time:0.800001,  own_id:22
-----master_station rcv ACK time---time:0.803510,  own_id:20
```

1.0 s 时，主站 20 和从站 22 都停止工作，直到 1.5 s 到来时主站 20 和主站 10 之间的信道属于开通状态。主站之间的工作模式为全双工，故 1.5 s 时，两个主站均向对方节点主动发送探测帧。

信道1.5 s状态：

```
-----master_station send detecting time---time:1.500000,  own_id:10,  dest_addr:20
-----master_station send detecting time---time:1.500000,  own_id:20,  dest_addr:10
-----master_station rcv detecting time---time:1.502510, own + id:20
-----master_station rcv detecting time---time:1.502510, own + id:10
```

两个主站都成功接收到对方节点发来的探测帧。

信道1.6 s状态：

```
-----master_station send ack time---time:1.600001,  own_id:10
-----master_station send ack time---time:1.600001,  own_id:20
-----master_station send start frame time---time:1.600001,  own_id:20
-----master_station send data frame time---time:1.600001,  own_id:20
```

成功接收到探测帧后，1.6 s时，两个主站均给对方节点回复ACK。由于主站10没有向主站20发送的信息，故主站10只需发送ACK回复帧给主站20；而主站20除了发送ACK回复帧，还要向主站10发送数据起始帧和数据帧。

节点接收ACK状态：

```
-----master_station rcv ACK time---time:1.603511,  own_id:20
-----master_station rcv ACK time---time:1.603511,  own_id:10
-----master_station rcv start frame time---time:1.605511,  own_id:10
-----master_station rcv data frame time---time:1.613511,  own_id:10
-----master_station rcv data frame time---time:1.621511,  own_id:10
-----master_station rcv data frame time---time:1.629511,  own_id:10
```

节点20成功接收到节点10发送的ACK回复帧，节点10成功接收到节点20发送的ACK回复帧、数据起始帧和数据帧。节点10将接收到的数据帧组包向上发送至网络层。

节点10路由处理：

```
网络层-----本节点地址:10,  最终目的地址:41
网络层-----本节点地址:10,  下一跳目的地址:40
```

得到下一跳地址后，将数据帧向下发送至MAC层，存储到对应下一跳目的地址的发送队列。

MAC层处理：

```
insert mac----own_id:10-----dest_address:40---time:1.629511
pk_num:1
insert mac----own_id:10-----dest_address:40---time:1.629511
pk_num:2
insert mac----own_id:10-----dest_address:40---time:1.629511
pk_num:3
```

1.7～2.0 s，主站20和主站10都没有要发往节点的数据帧，所以只需互相发送ACK回复帧。

信道 1.7～2 s 状态：

```
-----master_station send ack time---time:1.700001,   own_id:10
-----master_station send ack time---time:1.700001,   own_id:20
-----master_station rcv ACK time---time:1.703511,   own_id:20
-----master_station rcv ACK time---time:1.703511,   own_id:10
```

2 s 时，主站 20 和主站 10 都停止工作，直到 2.5 s 到来时主站 10 和主站 40 之间的信道属于开通状态。主站之间的工作模式为全双工，2.5 s 时，两个主站均向对方节点主动发送探测帧。

探测信道状态：

```
-----master_station send detecting time---time:2.500000,   own_id:10,   dest_addr:40
-----master_station send detecting time---time:2.500000,   own_id:40,   dest_addr:10
-----master_station rcv detecting time---time:2.502509,   own_id:40
-----master_station rcv detecting time---time:2.502509,   own_id:10
```

两个主站均成功收到来自对方的探测帧后，在下一个 0.1 s，向目的地址发送 ACK 回复帧。

探测信道状态：

```
-----master_station send ack time---time:2.600001,   own_id:10
-----master_station send start frame time---time:2.600001,   own_id:10
-----master_station send data frame time---time:2.600001,   own_id:10
-----master_station send ack time---time:2.600001,   own_id:40
```

由于主站 10 的发送队列中有向主站 40 发送的信息，因此在发送 ACK 回复帧后，还要发送数据起始帧和数据帧。主站 40 只发送 ACK 回复帧。

通信帧接收状态：

```
-----master_station rcv ACK time---time:2.603510,   own_id:40
-----master_station rcv ACK time---time:2.603510,   own_id:10
-----master_station rcv start frame time---time:2.605510,   own_id:40
-----master_station rcv data frame time---time:2.613510,   own_id:40
-----master_station rcv data frame time---time:2.621510,   own_id:40
-----master_station rcv data frame time---time:2.629510,   own_id:40
```

主站 10 正确接收到主站 40 发送的 ACK 回复帧，主站 40 正确接收到主站 10 发送的 ACK 回复帧、数据起始帧和数据帧。节点将接收到的数据帧向上发送至网络层。

节点 40 路由处理：

```
网络层-----本节点地址:40,   最终目的地址:41
网络层-----本节点地址:40,   下一跳目的地址:41
```

网络层判断下一跳目的地址是从站 40。

MAC 层处理：

```
insert mac----own_id:40-----dest_address:41---time:2.629510
pk_num:1
insert mac----own_id:40-----dest_address:41---time:2.629510
pk_num:2
insert mac----own_id:40-----dest_address:41---time:2.629510
pk_num:3
```

主站40将数据帧存储在从站41对应的MAC层发送队列中。

主站40与从站41通信的时间段从3.5 s开始。首先主站40向从站41发送探测帧，从站41等待接收。从站41成功接收后，在下一个0.1 s向主站回复ACK帧，主站成功接收到ACK帧后，在下一个0.1 s向从站发送数据帧。

主从站收发：

```
-----master_station send detecting time      time:3.500000,  own_id:40,  dest_addr:41
-----slave_station rcv detecting time---time:3.502508,  own_id:41,  dest_addr:40
-----slave_station send ack time---time:3.600001,  own_id:41
-----master_station rcv ACK time---time:3.603509,  own_id:40
-----master_station send ack time---time:3.700001,  own_id:40
-----master_station send start frame time---time:3.700001,  own_id:40
-----master_station send data frame time---time:3.700001,  own_id:40
-----slave_station rcv ack time---time:3.703509,  own_id:41,  dest:40
-----slave_station rcv start frame time---time:3.705509,  own_id:41,  dest:40
-----slave_station rcv data time---time:3.713509,  own_id:41
-----slave_station rcv data time---time:3.721509,  own_id:41
-----slave_station rcv data time---time:3.729509,  own_id:41
```

从站41接收到数据帧后，向上传至网络层，由网络层经传输层上传至应用层，同时传输层向数据帧的源地址从站22回复ACK帧，传输的过程与上面相同。最后该帧到达从站22，当从站22的传输层正确接收到该帧后，传输层继续向下发送缓存区中保存的业务包。从站22收到从站41返回的ACK后，从站41接收到从站22发给自己的数据帧，向上转发至传输层，传输层将数据帧转发至应用层，并产生ACK帧回复给从站22。

3.3.3 仿真数据及结论

1. 吞吐量分析

仿真运行后，观察节点20和节点22的包速率，如图3-23、图3-24所示。

从图中可知，节点22发送数据大约为24 kbit，而节点20发送数据为37 kbit，两者差值为节点21发送的数据量，大约13 kbit，整个图形都是阶梯形上升，而且在上升段斜率总体相近，表明在信道采用的泊松分布方式较好地模拟了流星余迹的不确定性。对节点22进行分析，程序中设计节点22在0.5～1 s和7.5～11 s信道开启，从图3-24可以看出，有两段非常明显的信息量跃变阶段，和流星余迹的突发特性比较吻合，符合设计的要求。而对于节点20，0.5～2 s和6.5～11 s也与设计的链路通断相一致，达到了仿真效果。

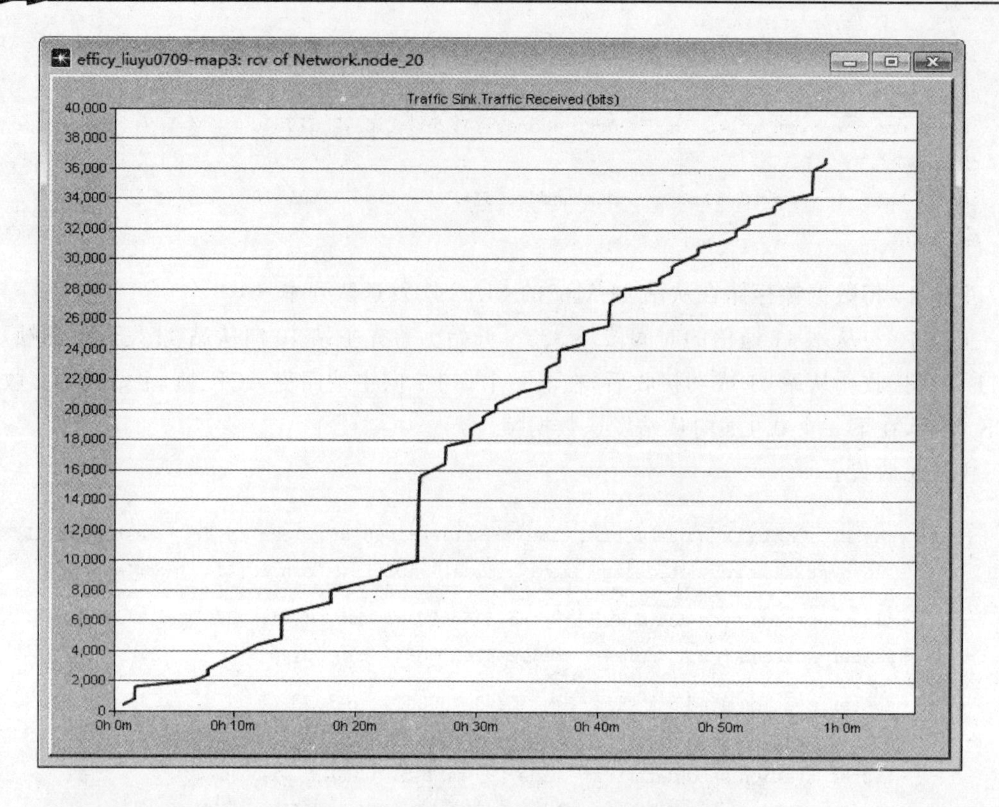

图 3-23　节点 20 接收到的总信息量

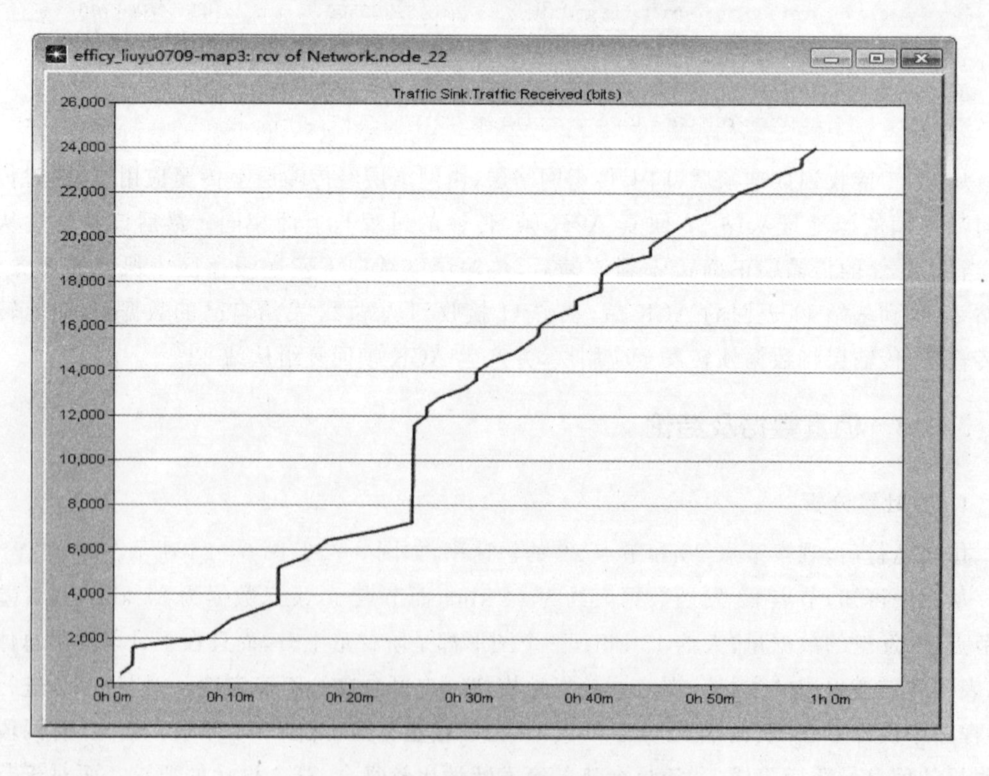

图 3-24　节点 22 接收到的总信息量

2. 传输时延分析

如图 3－25 所示，为节点 22 接收到包的时延。节点 22 到达节点 41 链路，需要经过两段半双工链路和两段全双工链路，与最短路径相比，多走了一段全双工链路。但在实际中，该路由是在路由 1 不可达情况下采用的策略，是在最短可达路径并不是可用链路的条件下的路由。这一策略减小了传输时延，意味着系统传信率的提高。因此，在经过比较后，选择本次仿真设计的链路信道传输时延更小。

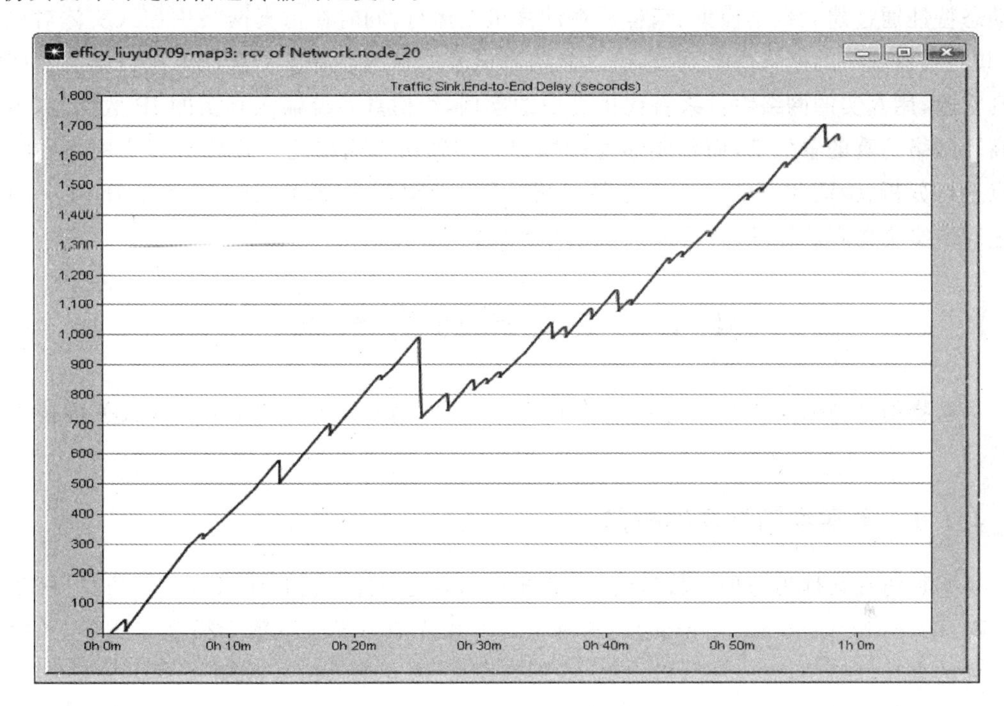

图 3－25　节点 22 接收到包的时延

理论上，传输时延与传输距离成正比关系，因此其图像应该是一条倾斜的上升直线，而经过仿真可以观察到，时延确实是随着距离而总体趋于增加，但并不是直线，而是锯齿状的。也就是说，在一些节点处，因为路由的选择而使链路得以优化，使得时延上升的相对较慢，也就是网络设计使得传输时延降低。

分析原因，最重要的就是协议不断探测可用信道，使得链路随机。多个链路的使用，可能同时有几条信道，但单条可用信道的出现概率得到提高，实际上相当于提高了流星余迹出现的概率，从而减少流星余迹突发性对传输信息的影响。

思考题

1. 流星余迹通信节点包括哪几类，其模型是如何建立的？
2. 流星余迹通信节点中的数据发送和接收是如何实现的？
3. 如何在 OPNET 中设计流星余迹通信协议？
4. 基于本章实例，在 OPNET 中设计一个流星余迹通信网络，并验证其性能。

第 4 章　流星余迹通信半实物仿真

半实物仿真是一种在工程领域内得到广泛应用的仿真技术。这种仿真试验将对象实体的动态特性通过建立数学模型、编程后在计算机上运行，同时在仿真网络中加入实体对象本身，共同组成统一的网络仿真系统，来达到仿真试验的目的。基于 OPNET 进行半实物网络仿真实验，用真实的网络组件来替代仿真中的模型，给仿真系统输入真实的 IP 数据包，不仅提高了网络仿真的置信度，而且能够通过构建半实物仿真网络运行环境对真实网络的物理节点进行分析、验证和评估。本章主要介绍运用 OPNET 的 SITL(System-In-the-Loop)模块进行半实物仿真的原理、方法及人机交互界面的设计。

4.1　半实物仿真原理

半实物仿真与前面介绍的仿真方式有所区别，下面介绍半实物仿真原理、关键技术及特点。

4.1.1　半实物仿真基本概念

半实物仿真又称为物理—数学仿真，其准确称谓是硬件(实物)在回路中的仿真(HITL, Hardware-In-the Loop Simulation)。这种仿真将系统的一部分以数学模型来描述，并把其转化为仿真计算模型；另一部分以实物(或物理模型)方式引入仿真回路。

半实物仿真系统一般包括仿真设备、参试部件、仿真控制台、支持服务系统和接口设备 5 个部分，其连接关系如图 4-1 所示。

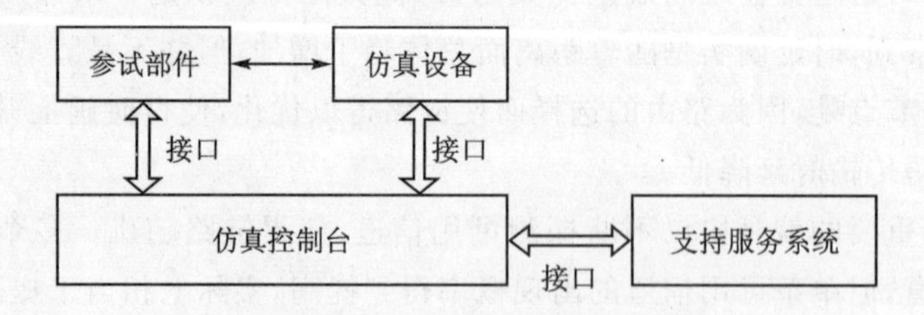

图 4-1　半实物仿真系统连接关系

(1) 仿真设备：实现仿真的通用设备统称，主要包括各种模拟器、控制台、操作台、计算机等。

(2) 参试部件：为实现半实物仿真的专用设备，以实际的系统、平台以及相关硬件设备为主。

(3) 仿真控制台：仿真状态进程监视控制的装置，包括仿真试验进程控制、试验设备、设备控制系统、状态信号监视系统等。

(4) 支持服务系统:为实现仿真和分析提供软硬件支持,包括记录、显示和文档处理等事后处理应用软件。

(5) 各种接口设备:上述设备之间的接口,包括实时数字通信系统、数字量接口、模拟量接口以及接口之间的协议等。

4.1.2 半实物仿真关键技术

半实物仿真的实现不仅需要依托当前的仿真平台和技术,而且还需要将计算机仿真同真实的实物系统进行有效连接,并且协调它们之间的同步和交互。由此可见,半实物仿真的难度不亚于传统仿真。为达到半实物仿真的效果,需要重点解决如下关键技术:

1. 系统建模

仿真数学模型的精确程度决定了半实物仿真的最终效果。为了能够准确构建系统仿真模型,需要根据通信系统的自身特点进行详细的功能模块划分和深入的数学模型分析。以通信系统仿真模型为例,其建模过程如下:

(1) 对从实际通信系统采集到的数据进行分析,提取能够表征实际通信系统或者模型的技术性指标参数;

(2) 对实际通信系统的工作流程进行研究,归纳出系统运行中关键的步骤和主要技术特征,并描绘出系统工作的基本流程;

(3) 对建模过程中需要的典型业务进行加载,分析业务分布的特征和业务的流向及流量,总结业务分布的特征参数,构建业务驱动数学模型;

(4) 在所选的仿真工具中建立仿真模型,搭建并配置仿真环境,验证仿真系统的有效性和正确性;

(5) 对从实物系统中采集到的数据与仿真系统得到的仿真结果进行科学比较,找出两者之间的区别,得到仿真系统或模型中需要改进的关键环节,用于优化仿真模型。

2. 实时性管理

半实物仿真指的是在计算机仿真回路中接入真实设备的实时仿真内容,从而构成计算机仿真和实物系统之间协同运行的半实物仿真环境,这就需要在计算机仿真与实物系统之间进行信息的交互,需要协调两者之间的时间同步。一方面,需要控制实物系统的速度,也就是说实物系统的运行速度和信息处理速度要低于计算机仿真系统的速度,在满足此条件的情况下,半实物仿真的实时性才有意义;另一方面,需要由具有实时性时间处理机制的操作系统来提供保障,目前流行的操作系统基本上具有优先级机制和中断处理机制,可以通过线程优先级和中断调整仿真的运行次序和时间,从而满足半实物仿真系统对实时性的要求。

3. 接口设备

接口设备是实物系统与计算机仿真连接的纽带和桥梁,使其成为一个完整的半实物仿真系统;实物系统向计算机仿真系统输出的数据经过接口设备的转换成为能够被仿真接受的数据,然后对计算机仿真进行设备的检测、时钟同步的控制、协议处理等,从而完成实物系统数据到计算机仿真系统的传输。反之亦然。

接口设备的性能将会对半实物仿真系统结果的真实性与可靠性有直接的影响,因此接口设备必须要采用时间不受限模式，而其他的联邦成员则采用时间不控制模式。通常而言，接口设备加入到仿真联邦有两类方法：一是所有成员都采用时间非控制不受限模式，各成员都以物理时钟作为基准，步调一致地进行推进，RTI(Run Time Infrastructure)不参与控制时间同步，在这种方式下接口设备的实现较为简单，但它并不能充分发挥半实物仿真的特点；二是接口设备采用控制不受限模式，其他联邦成员采用非控制受限模式，这种情况下接口设备的实现必须解决接口设备成员、数据发送和接收的时间推进等问题。

4.1.3 半实物仿真的特点及意义

相对仿真而言，半实物仿真能有效解决仿真中面临的诸多问题。其特点体现在：

(1) 实物系统中所包含的各个子系统或者组件难以建立正确的数学模型，另外由于非线性因素和随机因素的影响，使得进行单纯的数学仿真难以获得理想的效果；而在半实物仿真中，将这部分以实物的形式参与仿真试验，从而可以避免难以准确建模的困难。

(2) 利用半实物仿真，可以进一步对实物系统中数学模型的正确性进行校准，同时对数学仿真结果的准确性进行检验。

(3) 利用半实物仿真，可以对构成实物系统的某些实物部件甚至整个系统的性能指标进行可靠性检验，更加准确、有效地调整系统参数和控制规律。

相对于纯数学仿真而言，半实物仿真对提高仿真系统的有效性和降低研发成本有重大的意义：

(1) 仿真结果精确度有了大幅度提高。在半实物仿真中，真实的网络分组流量和仿真网络中模拟流量可以进行交互，从而实现了二者的紧密结合，有效地提高了仿真结果的精确性。

(2) 研发成本大幅降低。将半实物仿真用于产品研制过程中，只需要在前期研发少量的产品，然后将这些产品与计算机仿真连接成半实物仿真系统，使得研发成本大幅度降低，具有重大经济意义。

4.2 基于 SITL 的半实物仿真

为实现复杂的仿真和验证，OPNET 提供了半实物仿真的接口和功能。其基本方法有 3 种：

(1) 利用高层体系结构 HLA(High Level Architecture)模块将分布式交互的仿真环境引入到 OPNET 中。这种方法需要 HLA 接口模块以及 HLA 仿真环境(比如 RTI 支撑环境)，一般不用于 OPNET 仿真环境与外部真实物理设备的直接连接仿真。

(2) 基于外部仿真控制应用程序接口 ESA-API(External Simulation Access-appliacation Programming Interface)方法。该方法在开发过程中工作量很大，尤其需要对 OPNET 工作原理和具体应用需求有深入的了解。

(3) 基于系统在环 SITL 模块将真实网络与仿真设备直连。SITL 模块是 OPNET 公司在 2006 年推出的半实物仿真应用模块，该模块使用简单方便，尤其适用于移动自组织网络的研究，能够方便、快捷地设计并部署路由协议，但 SITL 模块本身不支持实时传输协议

RTP(Realtime Transport Protocol)。

4.2.1　SITL 技术简介

SITL 是 OPNET MODELER 11.5 或者更高版本中提供的可选附加模块，提供了物理网络与 OPNET 仿真网络连接的接口，通过真实数据包与虚拟数据包格式的转换来完成数据包在真实网络与虚拟网络间的流动。因此 SITL 将物理网络和 OPNET 仿真网络连接成为统一的整体，成为完整的半实物仿真网络。它支持 TCP/IP 协议簇，是专门用于半实物网络仿真的应用模块；仿真按照实际时间运行，只需要通过网卡或者是无线局域网就可以实现和物理网络的交互。其基本思想是：

(1)真实的 IP 流经过仿真网络时，在通信中可观察到一些现象，比如延时、抖动和跳数等，这就要求仿真网络无差别地在真实网络的真实节点间通信，来提供对真实网络可靠的模拟。

(2) 当仿真数据流经过真实的网络节点时，仿真流被转换成在真实网络上可识别的包结构，比如包括源和目标地址的头、消息长度等；也可以被普通的路由设备通过真实网络路由，还能够被转换成可以识别的仿真包，进入到另一个仿真网络。

4.2.2　SITL 实现模式

SITL 仿真主要有以下 3 种实现模式：实物系统与计算机仿真之间、实物系统经过计算仿真系统再到实物系统、计算机仿真系统经过实物系统再到计算机仿真系统。不同的实现方式原理和适用范围有所不同。

1. 真实网络—虚拟网络模式(real-sim)

该模式为最简单的模式，主要用于实现实物系统和计算机仿真系统间的信息交互，可以实现单台设备/简单系统的半实物仿真，如图 4-2 所示。

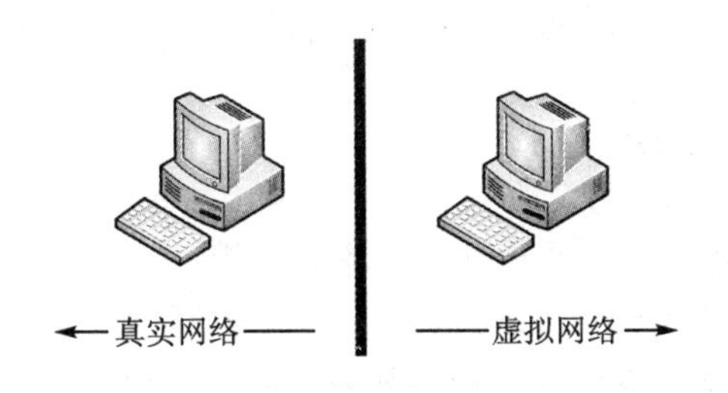

图 4-2　真实网络—虚拟网络模式

2. 真实网络—虚拟网络—真实网络模式(real-sim-real)

该模式主要用于两个或更多物理设备或网络通过仿真网络进行信息交互，如图 4-3 所示。真实数据流经仿真网络，会受到仿真网络时延、丢包、协议等的影响，可扩展仿真网络的规模及对实际设备构成的系统、设备进行综合检验与验证。

3. 虚拟网络—真实网络—虚拟网络模式(sim-real-sim)

该模式与上述模式有所区别，如图 4-4 所示。其产生于一个仿真系统的数据流通过一

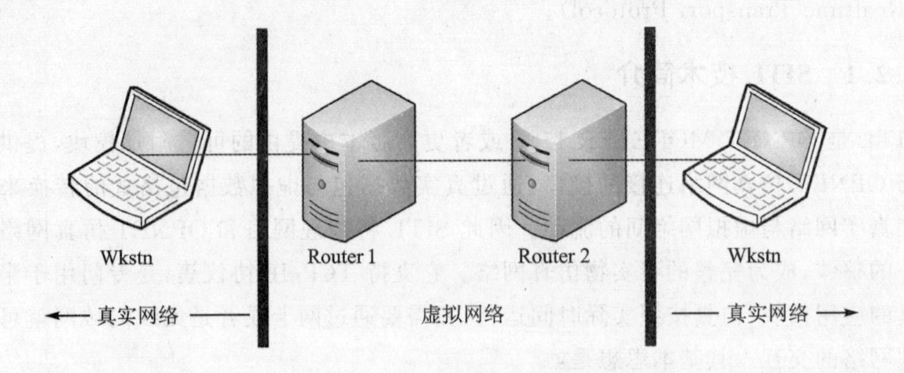

图 4-3　真实网络—虚拟网络—真实网络模式

个物理设备(如路由器)到达另一个仿真系统,可以用于 OPNET 仿真分布式扩展,也可以检验实际设备在大规模应用加载情况下的处理能力。需要注意的是,虚拟网络—真实网络—虚拟网络模式在 SITL 中是有一定局限性的。因为在这种情况下,数据包是在仿真环境下建立的仿真包,相比于 SITL 中真实网络—虚拟网络模式中建立的仿真包增加了额外信息,这些信息在该数据包经过真实网络再回到虚拟网络时是非常有用的。

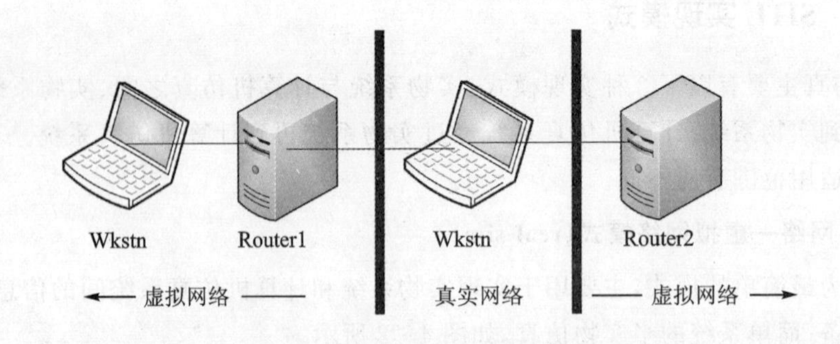

图 4-4　虚拟网络—真实网络—虚拟网络模式

4.2.3　SITL 仿真原理

为实现半实物仿真,SITL 添加了两个特殊的模型——节点模型(sitl_virtual_gateway_to_real_world)和链路模型(sitl_virtual_eth_link)作为网关节点,将实际的网络设备连接到仿真环境中,使物理设备成为仿真系统的一部分;同时通过附加的 WinPcap(Windows Packet Capture)对以太网卡上的数据包进行选择,并将选出的数据包转发至仿真进程。SITL 半实物仿真对数据包的转换处理方法如图 4-5 所示。

基本工作原理:在运行 SITL 的计算机上,网络接口接收到的数据包通过可选的防火墙转发至操作系统;防火墙替操作系统阻挡发给 SITL 仿真的数据包和其他不需要的数据包,从而减少系统开销;同时,对于发给 SITL 仿真的数据包,SITL 模块通过 WinPcap 把它们直接从网卡转发至仿真进程,OPNET 仿真核心去除这些数据包的以太网帧头,所以 SITL 网关结点只看到 IP 数据包,并把这些 IP 数据包传递给仿真环境。

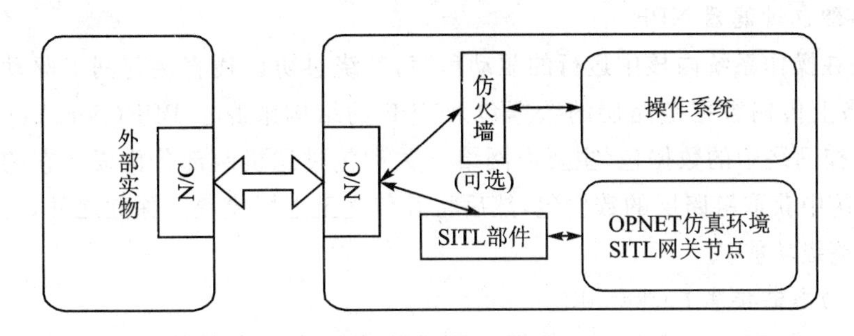

图 4-5　半实物仿真模型

4.2.4　SITL 仿真实现

在真实网络中利用 TCP / IP 协议栈进行数据流的转发通信，而在仿真网络中的协议栈是模拟构造的，不同的数据结构使物理设备和仿真网络无法直接通信。为了将运行于真实协议栈中的数据包导入虚拟的仿真环境，SITL 需要提供基于 TCP/IP 协议栈的包截获功能，以达到连接模拟网络和真实网络的目的，其基本的原理如图 4-6 所示。

在上述基础上，实现半实物网络仿真还需要解决 3 个问题：时间的同步、包的截获和数据包的转换。SITL 仿真是通过将仿真时间与系统时间同步推进来确保时间同步的，只需要通过简单的设置就可以完成。下面重点分析包的截获和转换。

1. 数据包的截获

SITL 采用 WinPcap API 来捕捉原始数据包。WinPcap 是 Windows 平台下一个免费、公共的网络访问系统，其为 Win32 应用程序提供访问网络底层的能力。WinPcap 主要思想来源于 UNIX 系统中著名的 BSD 包截获架构，是一套基于 NDIS（Network Driver Interface Specification，网络驱动接口规范）中间层驱动程序，由 3 个模块组成，即内核级的网络组包过滤器 NPF(Netgroup Packet Filter)、低级动态链接库 Packet. dll 和高级动态链接库 WinPcap. dll，结构框图如图 4-7 所示。

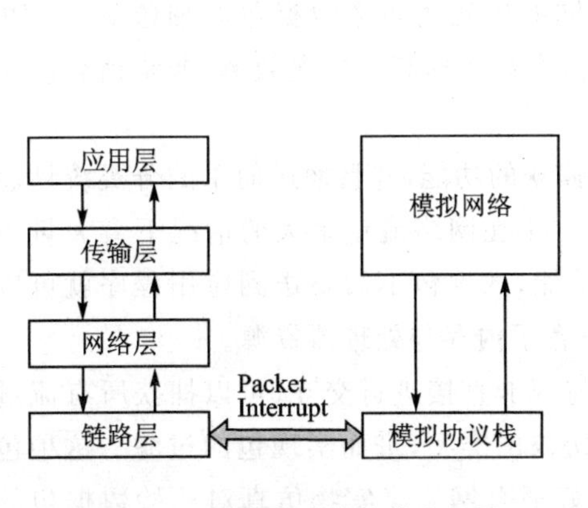

图 4-6　网络仿真协议栈交互图

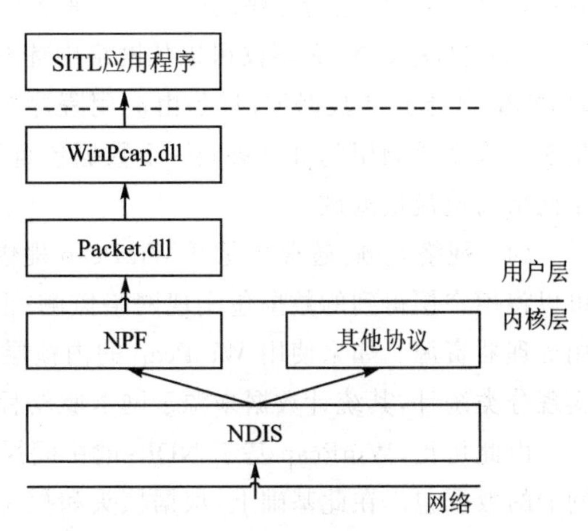

图 4-7　WinPcap 结构框图

1）网络组包过滤器 NPF

NPF 是在操作系统内核中运行的驱动程序，其绕过协议栈直接与网卡驱动程序进行交互，处理网络上传输数据链路层的数据包。NPF 的结构来源于 BPF(BerkYey Packet Filter)，用于监控网络中的数据包，主要由网络开关和包过滤机两部分构成。它的主要任务就是从网络系统中获取链路层的数据包，然后将其传送至上层模块。除此之外，还有包过滤和检测引擎等高级功能。

2）低级动态链接库 Packet. dll

Packet. dll 在 Win32 平台上为数据包驱动程序提供较底层的编程接口。不同的 Windows 版本在内核态与用户态之间的接口互不相同，而 Pactet. dll 则屏蔽了用户态和内核态之间因操作系统不同带来的接口差异，提供一个独立于操作系统的 API。也就是说，调用 Packet. dll 的程序可以运行在不同的 Windows 平台上，不需要重新编译。Packet. dll 可以执行如获取动态驱动器加载、网络适配器名称、以太网冲突次数、获得主机的子网掩码地址等低级的操作。

3）高级动态链接库 WinPcap. dll

WinPcap. dll 提供了一组可以跨平台操作的更加高层、抽象的功能强大的函数（利用这些函数，用户不必去关心适配器与操作系统的类型），并且包含了定义用户级缓冲、包注入以及产生过滤器等高级功能。

在 WinPcap 包截获系统中，整个数据包截获架构的基础是网络驱动器接口规范(NDIS)。它主要为网络适配器和各种协议驱动程序提供接口函数，使得协议驱动程序在发送和接收数据包时不需要考虑具体的适配器和 Win32 操作系统。为用户层提供了包截获、数据包转储、包注入、网络监测等功能。

(1) 包截获：NPF 最重要的操作，而 NPF 处于 NDIS 框架的中间层，可以直接过滤从网卡中接收到数据包，并将其原封不动地发送至用户层应用程序。这些操作主要是依靠包过滤器和缓冲器来实现的。

(2) 数据包转储：是指通过使用 NPF 提供的数据包转储功能，直接在内核层寻址文件系统，而无需用户应用程序的介入。这种方法大量减少了系统调用，提高了转储的效率。

(3) 包注入：NPF 不仅可以从网络中捕获数据包，还可以向网络中发送数据包。包注入时，NPF 并不封装数据包，只是由应用程序根据不同的应用为每个数据包添加包头。NPF 实现一次系统调用就可以将同一个数据包重复发送，大幅度提高了发送效率，非常适合应用于网络高速流量测试。

(4) 网络监测：通常情况下 WinPcap 提供了包捕获的功能，并且通过简单的分类统计就可以将用户层得到的数据包实现网络监测；但这种方法在网络流量很大的情况下会大量占用处理器资源。如果使用 WinPcap 的内核层检测功能，数据包不需要送到应用程序就可以实现分类统计，其统计数据来源于网卡驱动程序，节省了内存与处理器资源。

由此可见，WinPcap 基于 NDIS 的中间层。它与网卡直接进行交互，可以捕获所有流过网卡的数据包。在此基础上，根据帧头和报头分析协议的类型，进而实现包的过滤。这种包截获工具涵盖了从内核态至用户态的三层模块，正好适合网络半实物仿真对原始数据包的需求，因此，SITL 仿真基于 WinPcap 抓包工具进行网络数据包的捕获和过滤。

2. 数据包的转换

当SITL模块接收到数据包时，不管它是来自物理系统的真实包还是来自仿真系统的虚拟包，都首先尝试对包格式及其所属的协议进行判断，通过与转换函数的匹配，找到合适的转换函数，并调用其对数据包进行转换。由于协议通常是按层嵌套的，所以在包的转换时也是先从低层协议进行检测和转换，然后递归地调用高层的检测/转换函数对。其工作流程如图4-8所示。

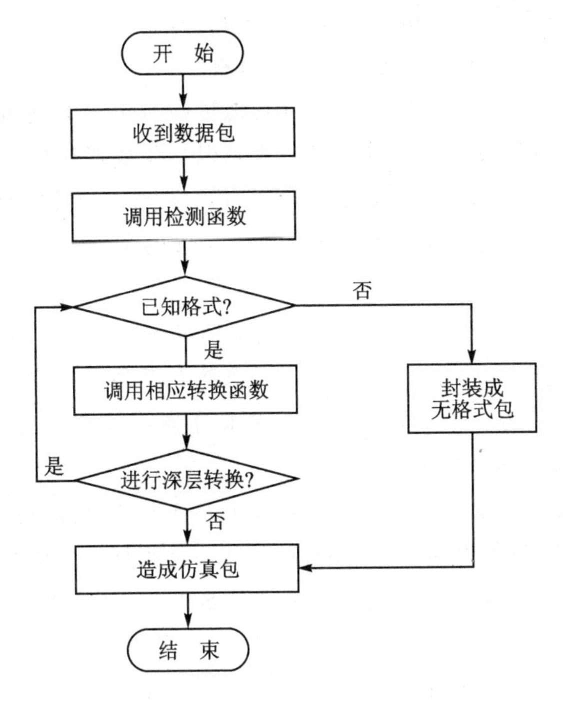

图4-8 数据包转换工作流程

其中，包格式的判断和转换主要通过以下函数完成：

(1) 注册函数集：所有的检测/转换函数都必须向SITL注册。对于OPNET内部固有的函数，可以通过初始化函数op_pk_sitl_packet_translation_init()注册；而对于用户自定义的函数，则需要调用op_pk_sitl_register_translation_function()进行注册。注册函数时需要注意：

① 将进行的转换方向，从实环境到虚环境，或者从虚环境到实环境；

② 指向转换函数的指针；

③ 指向相关的检测函数的指针。

函数注册时可以指定具体的包的格式，其决定数据包的转换时在网络协议中的哪个层次，这在SITL模块查找转换函数时是非常有用的。值得注意的是，同一个转换函数如果与不同的检测函数匹配，可以被注册多次。一般情况下，转换/检测函数都是成对出现被注册的，格式如下：

```
int op_pk_sitl_register_translation_function (
    SitlT_Translation_Direction direction,
```

```
        SitlT_Translation_Function translation_func,
        SitlT_Translation_Test translation_test,
        const char * base_packet_format, int priority);
```

取消注册的函数格式如下：

```
int op_pk_sitl_unregister_translation_function (
        SitlT_Translation_Direction direction,
        SitlT_Translation_Function translation_func,
        SitlT_Translation_Test translation_test);
```

(2) 检测函数集 int sitl_translation_test()：通过检测包中的签名来判断其格式以及所属协议。签名是一些数据项的组合，可以唯一地标识一种数据包格式。数据包是否通过检测将会返回 true 或者 false 值，检测函数必须同 SITL 注册。该检测函数适用于任何输入的数据包或者已经完成转换即将输出的数据包。需要注意的是，不能对原来的包作任何改变。

(3) 数据域转换函数 op_pk_sitl_translate_payload_from_real_to_sim()：这个函数用来判断数据包是否到达包格式的最高层，如果是，将数据包的各数据字段封装成一个无格式的包，转换随之结束；如果不是，SITL 将会为这些数据字段寻找相符合的转换函数，这主要是通过嵌套地调用其他检测函数完成的。

(4) 初始化函数集 op_pk_sitl_packet_translation_init()：真正的数据包转换之前，必须对转换函数进行初始化，即加载所有标准的检测/转换函数对。如果某些转换函数是用户自定义完成的，也同样需要加载该初始化函数来加载 SITL 标准的检测/转换函数对 int sitl_translation_initialization (void)函数向 SITL 注册。

(5) 转换函数集 int sitl_translationwe function (SitlT_ SCDB * scdb_ptr)：主要是把可识别格式的数据包转换成仿真包(或把仿真包转换成真实的数据包)，有两种形式_from_real_to_simulated/_from_simulated_to_real 表示不同的转换方向。通常情况下，首先调用 op_pk_sitl_from_real_all_supported()/op_pk_sitl_to_real _all_supported()作为转换函数的入口函数，然后再根据具体的包格式进行转换。

当前，SITL 模块支持的包格式有：ip_dgram_v4、ethernet_v2、tcp_seg_v2、udp_ dgram_v2、arpes_v2、ip_icmp_echo、rip_message2、ospf_dbase_desc_v2、ospf_hello_v2、ospf_ls_ack_v2、ospf_ls_update_v2 及 ospf_ls_request_v2。对于目前还不能解析的协议，用户需要根据自身需求定义转换函数并将其加载到网关节点。

把上面的各函数集贯穿起来，当仿真开始时，首先 SITL 调用数据包转换的初始化函数，该函数会同时加载所有的转换/检测函数对。如果有数据包到达，WinPcap 抓包工具会将其截获并发送到 SITL 网关节点，SITL 会调用转换的入口函数来转换数据包。通常情况下，首先调用的是基本包格式的转换函数，也就是 ethernet 格式，每个转换函数都会将数据转换成对应的数据包格式。如果这个数据包嵌套有其他类型的数据包，那么转换函数会调用该数据域的转换函数来对下一层的数据包进行转换，直到转换至所设定的最顶层协议。

4.3　流星余迹通信半实物仿真实例

通过半实物仿真可有效拓展流星余迹通信仿真的功能，增强流星余迹通信验证的能力。下面通过具体实例详细介绍流星余迹通信半实物仿真的过程。

4.3.1　仿真需求及网络结构

流星余迹通信网络通常由两级网络组成，如图 4 - 9 所示。一级网络连接各个主站，构成网状网结构，主要负责网络的路由和流量控制。二级网络由一个主站和它控制的多个从站组成，构成星形网结构。

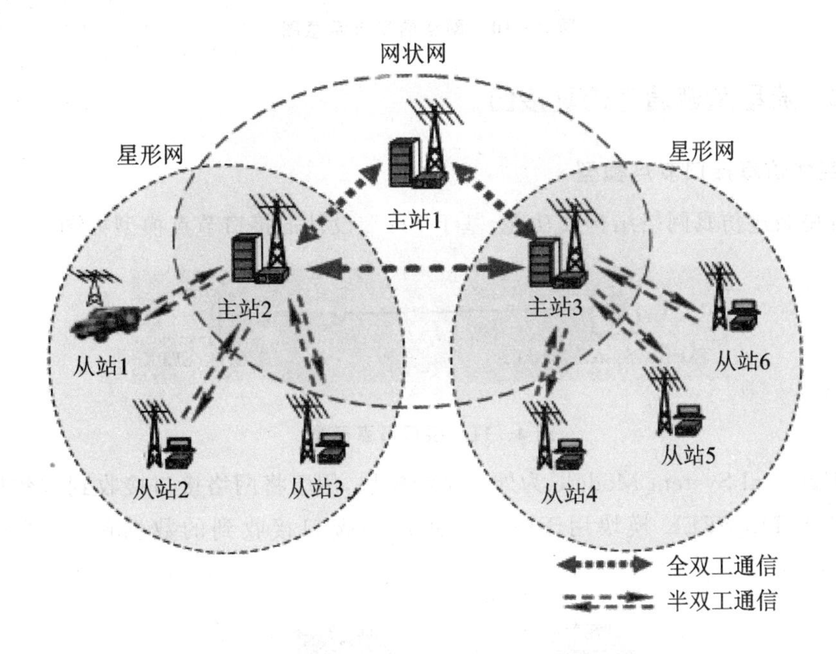

图 4 - 9　流星余迹通信网络结构

在此基础上构建的流星余迹通信网络仿真的主要功能包括：

(1) 能完成各种业务数据的分发、传输与显示；

(2) 可对流星余迹通信节点进行管理和控制，包括频率管理、入网申请等；

(3) 可对流星余迹通信设备和链路情况进行监视，建立各节点、链路和网络的参数、状态及性能数据库；

(4) 可存储必要的仿真数据和过程，产生报表，建立工作过程日志；

(5) 提供监控终端接口，可通过监控计算机终端对各种过程进行监控操作；

(6) 具有良好的人机界面，使用方便，直观易懂。

在 OPNET 仿真平台中，接入网络的主站设备和从站设备都由传输层、网络层、MAC 层和物理层构成，其工作过程中的网络信息流如图 4 - 10 所示。

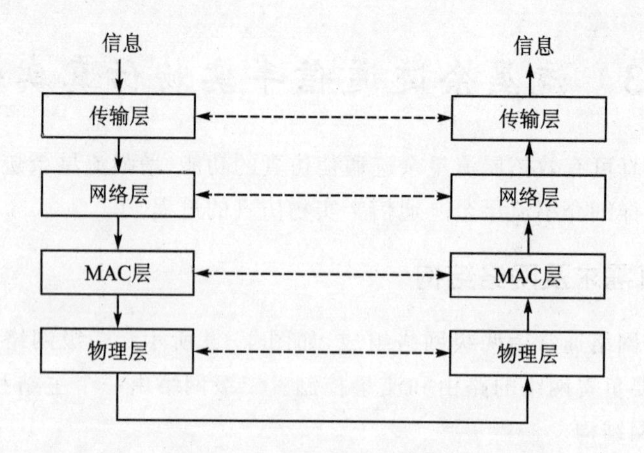

图 4-10　网络信息流示意图

4.3.2　流星余迹通信仿真接口

1. 半实物仿真接口节点模型

根据流星余迹仿真网络结构及功能，基于 SITL 设计的接口节点模型如图 4-11 所示。

图 4-11　接口节点模型

其中，External System Module 为外部系统模块，用于将网络接口接收到的数据包发送至仿真进程；SITL_SEEK 模块用于解析处理网络接口接收到的数据包，其进程模型如图 4-12 所示。

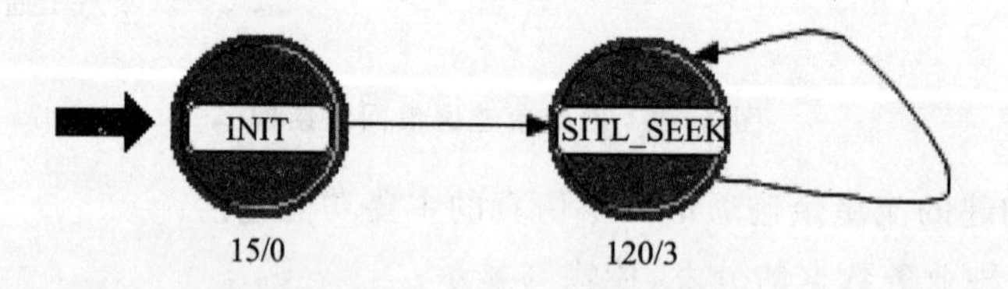

图 4-12　SITL_SEEK 模块进程模型

SITL_SEEK 模块的各状态机功能如表 4-1 所列。其中，INIT 主要用于初始化变量，SITL_SEEK 则完成数据包的接收、解析和转发。

表 4-1　SITL_SEEK 进程模型各状态机功能

状　态	功　能
INIT	获取节点 ID，初始化变量
SITL_SEEK	获取从现实设备发送来的包，并将信息保存在结构体中，通过模块中产生的数据包，将信息发送给各节点

2. 参数传输

在半实物仿真中,需要传输处理大量参数。其参数传输形式包含两种:一种是通过包格式传输,一种是调用静态变量。

通过包格式传输指的是通过数据包从半实物仿真接口传入仿真通信节点中的参数。其传输方法有两种:

(1) 控制信道通断的时间参数,包格式如图4-13所示。传输的参数包括:

dest_addr:开通信道的目的节点(源节点是本地节点)。

hour:起止时间的小时时刻。

start_time:信道开通的起始时刻。

duration:信道开通的持续时间。

stop_time:信道开通的结束时刻。

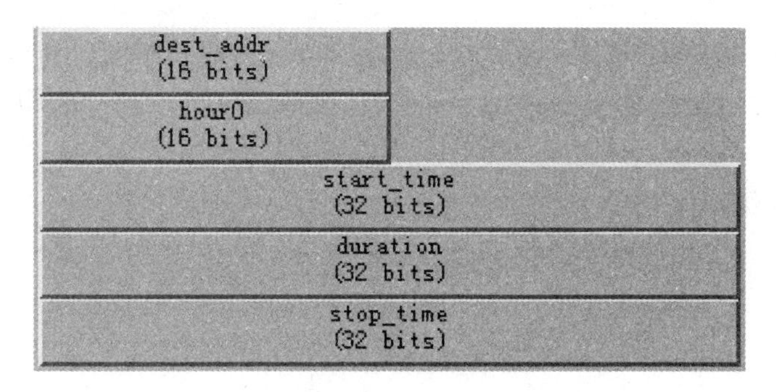

图4-13 信道通断参数数据包格式

(2) 控制数据包产生的参数,包格式如图4-14所示。传输的参数包括:

dest_addr:产生的数据包要发往的目的地址。

start_gen:产生包的起始时间。

stop_gen:产生包的结束时间。

interarrival:产生包的时间间隔。

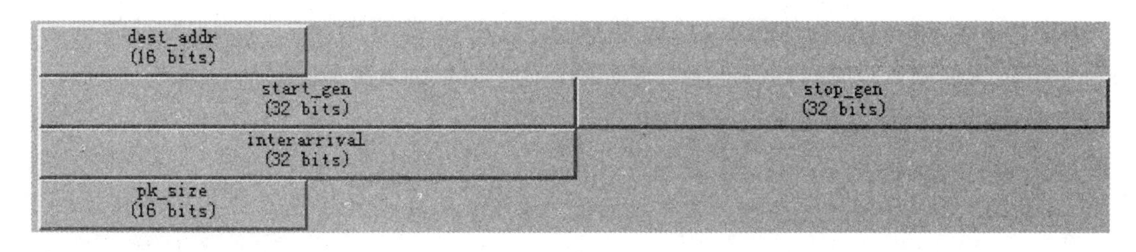

图4-14 数据包产生参数数据包格式

pk_size:数据包的长度。

通过调用静态变量从半实物仿真接口传入仿真环境的参数有:仿真开始时间、数据传输速率类型和速率大小。

3. 数据传输

数据传输主要是通过结构体交互于现实设备与仿真设备之间,设计的主要结构体有信道数据结构体、业务数据结构体、速率类型及仿真起始时间结构体、延迟和吞吐量结构体。

(1) 信道数据结构体

```
typedef struct
{
int pk_type;
int start_hour[N];
double start_time[N] ;
double duration[N];
double stop_time[N] ;
int node_id0;
int node_id1;
}Liuyudata;
```

其中，pk_type 为结构体类型，设定为 1；start_hour 为起始时间(小时)；start_time 为起始时间；duration 为信道持续时间；stop_time 为信道截止时间；node_id0 和 node_id1 为参与通信的两个节点。

(2) 业务数据结构体

```
typedef struct
{
int pk_type;
int src_node;
int dest_node;
double start_time ;
double stop_time ;
double interv;
int length;
}Appdata;
```

其中，pk_type 为结构体类型，设定为 2；src_node 为源节点；dest_node 为目的节点；start_time 为起始发送时间；interv 为发送间隔；stop_time 为业务截止时间；length 为包长。

(3) 速率类型及仿真起始时间结构体

```
typedef struct
{
int pk_type;
int speed_type;
int fixspeed;
double simstart;
}Startsim;
```

其中，pk_type 为包类型，设定为 3；speed_type 为速率类型；fixspeed 为固定速率；simstart 为仿真起始时间。

（4）延迟和吞吐量结构体

```
typedef struct
{
int type;
int src;
int dest;
double delaytime;
double throughput;
double   x_time;
}DelayData;
```

其中，type 为类型，0 表示延迟，类型 1 表示瞬时信息通过量，类型 2 表示信息通过量；src 为源节点；dest 为目的节点；delaytime 为延迟；throughput 为吞吐量；x_time 为当前仿真时间。

4.3.3 人机交互界面

为了较好地实现人机交互，需设计流星余迹通信仿真人机交互界面，在该界面上实现数据的读取、参数的设置、数据发送、数据接收及数据分析显示等功能，如图 4 - 15 所示。

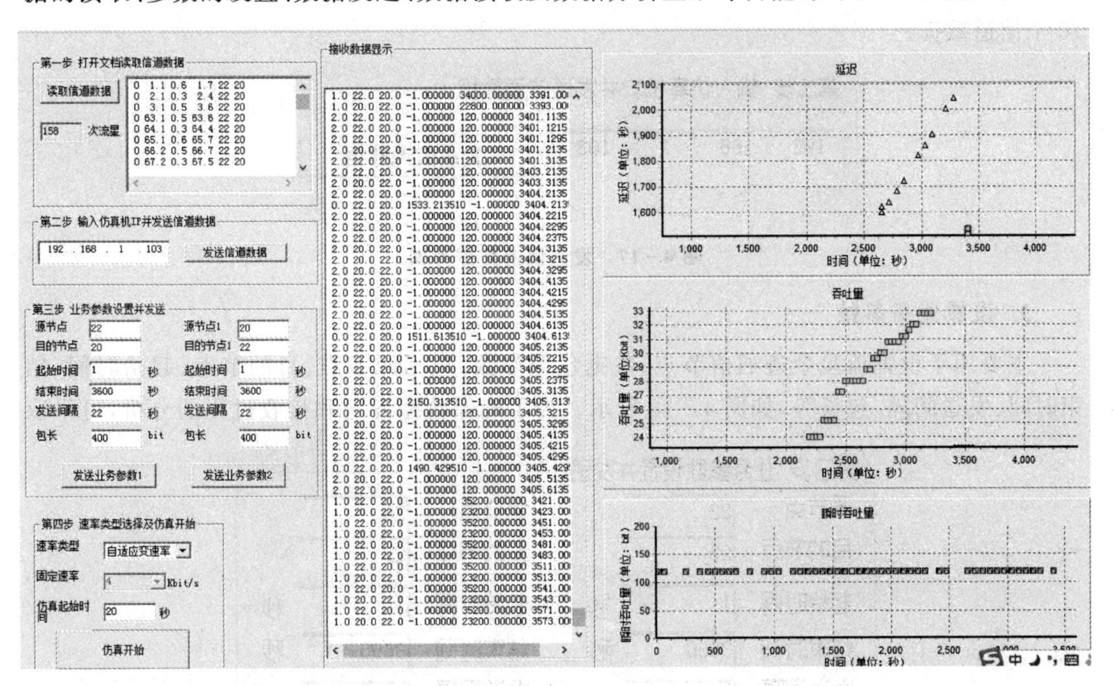

图 4 - 15　流星余迹通信仿真人机交互界面

该界面集成了多项功能，工作流程如下：

1. 读取信道数据

主要用于打开并读取一天中某个小时或全天的流星余迹信道数据，如图 4 - 16 所示。显示的数据分为 6 列：第 1 列为信道起始时间，第 2 列为起始时间，第 3 列为信道持续时间，第 4 列为信道结束时间，第 5 和第 6 两列为参与通信的两个节点号。单击后信道数据就会出现在下边的文本框里，总的流星信道数量显示在左侧的小文本框中。

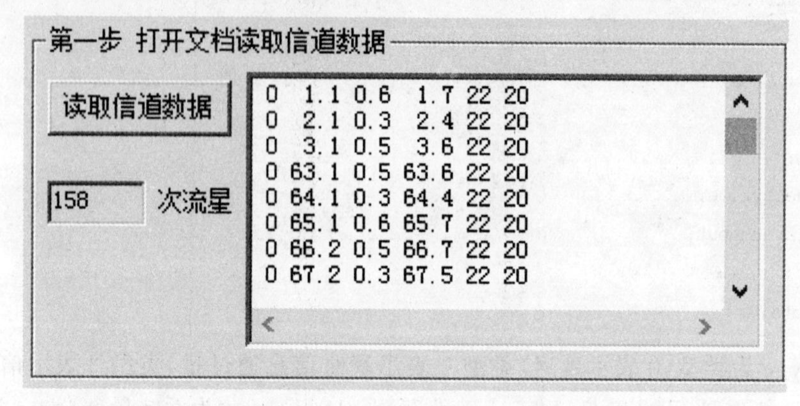

图 4－16 读取信道数据界面

2. 发送信道数据

主要用于确定仿真计算机的 IP 地址，如图 4－17 所示。在界面中输入仿真机的 IP 地址，单击“发送信道数据”按钮，即可发送信道数据到仿真机端。其采用的发送机制是：采用结构体发送数据，先把所有数据存到一个大的结构体，然后分次发送。程序中设定一次发送 10 个信道数据。

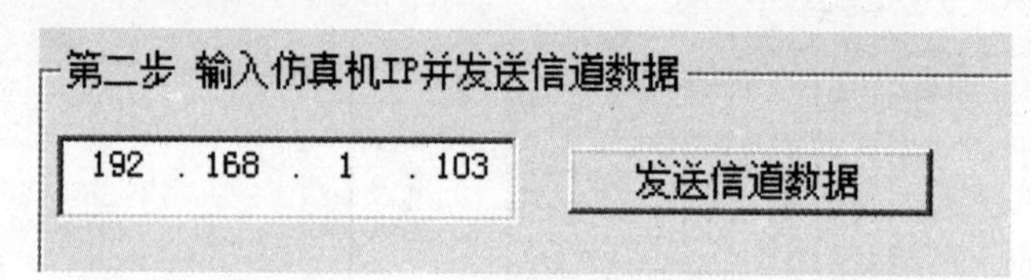

图 4－17 发送信道数据界面

3. 设置业务参数

主要用于设置流星余迹通信节点、数据包等参数，包括源节点、目的节点、起始时间、结束时间、发送间隔、包长等，如图 4－18 所示。为了确保数据发送和接收过程的分析，可采取

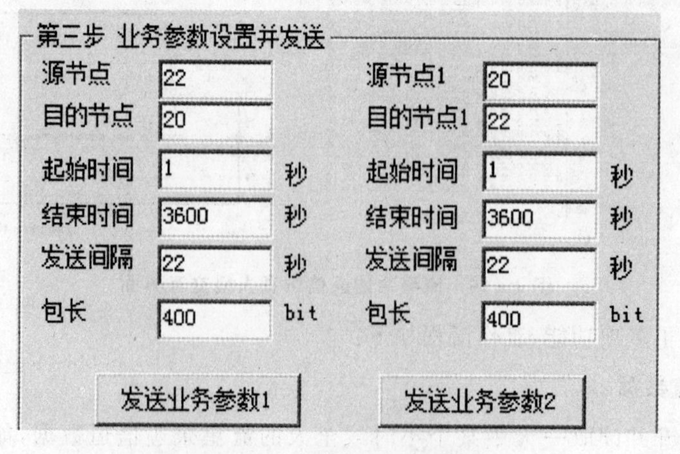

图 4－18 设置业务参数界面

两种模式："发送业务参数 1"指的是单向发送业务数据，"发送业务参数 2"指的是双向互发业务数据。

4. 设置速率类型

主要用于设置速率类型为自适应变速率或固定速率，如图 4-19 所示。选定速率类型，设定仿真开始的时间，单击"仿真开始"，对应的仿真机到了仿真开始时间就开始仿真。在自适应变速率情况下，根据设定的速率自行调整。"固定速率"复选框为不可选状态。

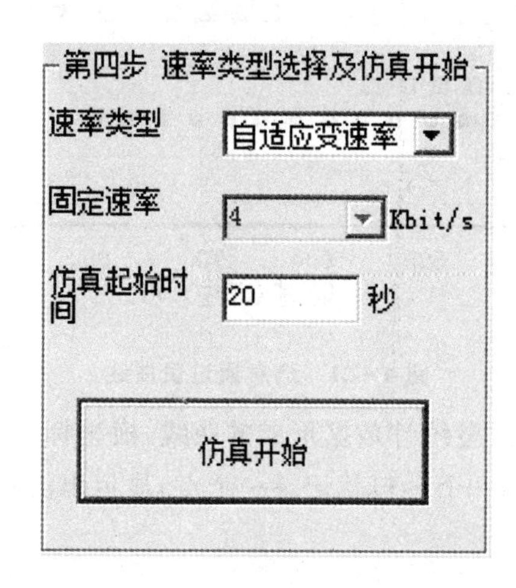

图 4-19　设置速率类型界面

5. 结果显示

主要用于数据的分析和显示。仿真机端有数据传回来后，数据就会在最下边的文本框中显现出来主要的参数，如延迟或吞吐量，可以用图形进行显示。

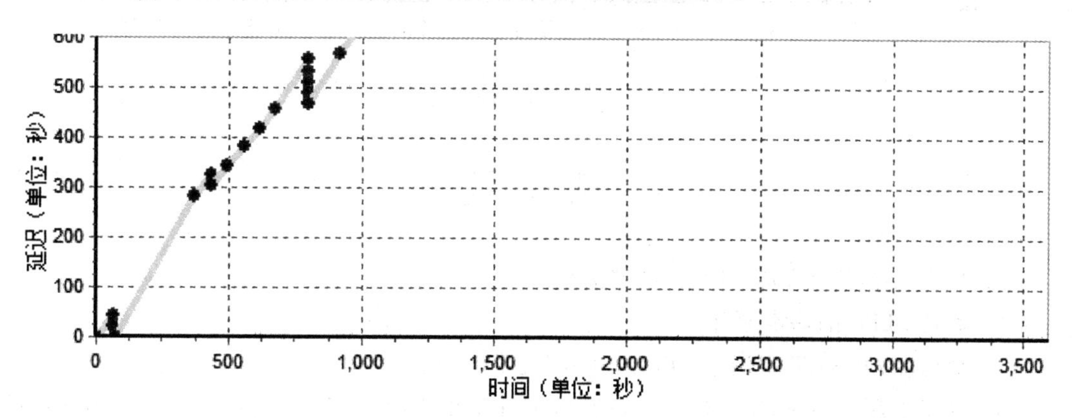

图 4-20　点到点延迟曲线

图 4-20 为点到点延迟统计数据形成的曲线，横坐标为当前仿真时间，纵坐标为点到点时延。每收到一个包就会生成一个点，代表这个包从产生到对端接收到的时延。点住左键向右或向上滑动可以把图放大，向反方向则是缩小；点住右键滑动就是移动图案。最终显示的是在本次仿真过程中点到点的时延曲线。

图 4－21 为信息通过量统计数据形成的曲线，横坐标为当前仿真时间，纵坐标代表收到的包的大小总和(单位为 kbit)，每收到一个包都会对包的大小进行累加。在收到对端第一个包后，每隔 30 s 统计一次。最终显示的是本次仿真中信息通过量曲线。

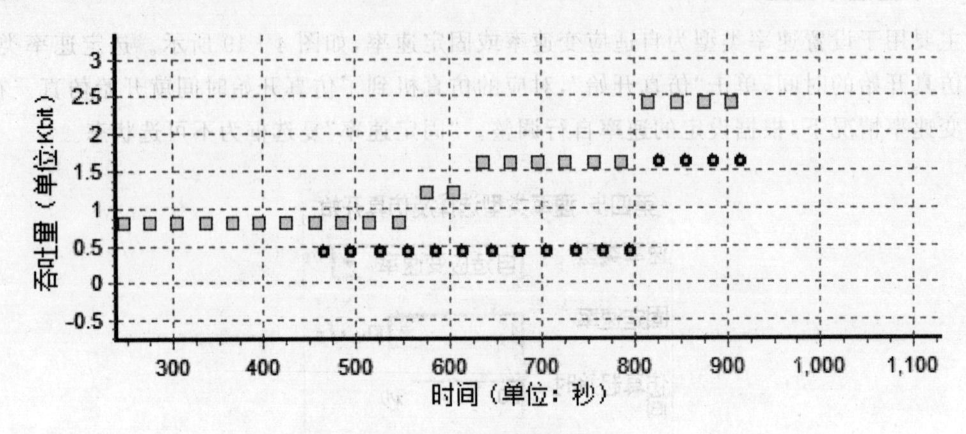

图 4－21　信息通过量曲线

图 4－22 为瞬时信息通过量统计数据形成的曲线，横坐标为当前仿真时间，纵坐标为瞬时吞吐量，每次信道对端收到一个小包就记录一个点，显示出流星余迹信道的出现状况。

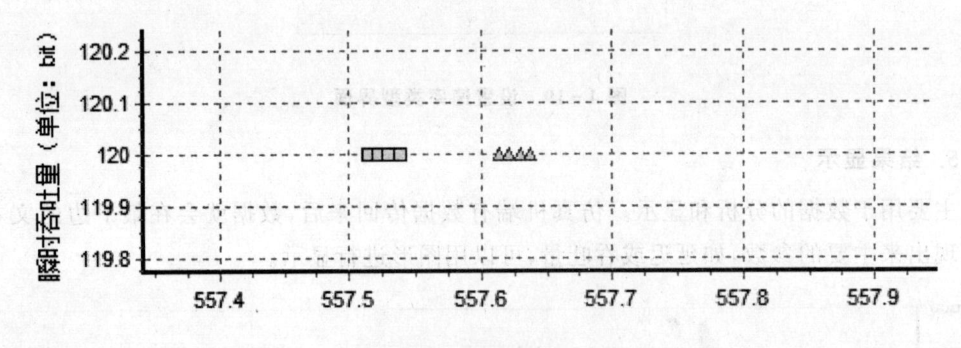

图 4－22　瞬时信息通过量

思考题

1. 什么是半实物仿真，其包括哪些关键技术？

2. 简述 SITL 的基本原理。

3. 如何在 OPNET 中通过 SITL 模块实现半实物仿真？

4. 基于本章实例，运用 VC＋＋等编程工具实现人机交互界面，验证流星余迹通信的性能。

第5章　流星余迹通信系统效能评估

流星余迹通信是应急通信中的一种重要手段,其通信效能与诸多因素有关。在流星余迹通信系统中,面临复杂的电磁环境、地理位置、天气变化等多方面因素的影响,系统的有效性和可靠性难以精确建模和分析。将定性分析和定量分析相结合,对影响流星余迹通信系统进行分类,建立科学、合理的指标体系,进行流星余迹通信系统效能评估,可以对流星余迹通信系统的设计、开发及改进提供有效的依据。本章主要介绍流星余迹通信效能评估的原理与方法,包括流星余迹通信指标体系、流星余迹通信效能评估方法和流星余迹通信效能评估实例。

5.1　流星余迹通信指标体系

建立流星余迹通信指标体系是进行流星余迹通信系统效能评估的前提,在构建指标体系时要注重其合理性、全面性以及科学性。下面介绍流星余迹通信指标体系的建立原则、筛选方法和指标确立过程。

5.1.1　指标体系建立原则

1. 基本原则

构建通信系统指标体系都需要遵循一般性的原则,但针对每个不同的对象,应当在一般性的原则基础上作出一定的调整。对于流星余迹通信系统效能评估,主要遵循以下原则:

(1) 针对性原则。系统就是为了完成一些任务而设计出来的,因此在构建评估该系统效能指标体系时,一定要针对该系统特定的用途。流星余迹通信有其特殊性,因此需要构建具有针对性的指标体系。

(2) 全面性原则。为了充分地考虑可以影响系统的各个指标,在构建指标体系时,应当遵循全面性原则,做到不遗漏。这样,评估的结果才具有更强的可信性。流星余迹通信系统是一套复杂、庞大的系统,影响它效能的因素是方方面面的。充分考虑这些因素,建立较为全面的流星余迹通信系统指标体系是较为重要的。

(3) 层次性原则。由于流星余迹通信系统是一个复杂的、多分系统组成的系统,因此构建指标体系时,应该遵循层次性原则,使得整个体系结构清晰,同时也为使用层次分析法打下基础。流星余迹通信系统是一套涉及多个模块、多种手段的通信系统,指标体系如果能够做到结构清晰、层次分明,就可以为接下来的效能评估打下良好的基础。

(4) 独立性原则。指标体系中同一个层次的指标之间应当相互独立,这是保证对指标合理赋权的前提。应根据流星余迹通信系统的特点对指标进行合理地划分,确保建立的指标之间相互独立。

（5）可行性原则。构建指标体系是在为进一步评估做好准备，因此指标体系的各个指标的指标值应当可以通过直接或者间接的方式获取。对于定量指标，应可以在现有条件下通过实验统计、仿真测试等方法得到指标值；对于定性指标，应该使专家比较容易评判等级，从而进行量化打分。流星余迹通信系统的特殊性使得指标值的获取具有较大的难度，充分考虑可行性，能够大大降低评估难度。

（6）代表性原则。通信系统评估会涉及很多方面，尤其是对于流星余迹通信这种特殊的系统，能够影响系统性能的指标会非常多，这会大大增加获取数据甚至整个评估过程的工作量。因此，指标体系应当具有代表性，能够用适量的有代表性的指标充分反映系统性能。

2. 指标筛选方法

通过对流星余迹通信系统进行需求分析，运用各项能力所对应得到的指标库，构建符合全面性的指标体系。体系在满足全面性的同时也应当满足代表性，因此应该采用合理的指标筛选方法。

指标筛选的方法主要可以分为两类，一类是基于专家判断的主观筛选方法，另一类是基于数据分析的客观筛选方法。

其中主观筛选方法主要是专家咨询的方法，这种方法以匿名问卷的形式，设计多轮问卷调查，逐步使得专家的意见统一。该方法不需要大量数据作为基础，群体判断的结果符合大多数决策者的意志；但是它存在主观性过强，过程需要大量时间和人力不足的问题。

客观筛选法主要有极大不相关法、最小均方差法、主成分分析法、条件广义方差极小法以及基于粗糙集理论的方法。这些方法都是基于实际数据分析，或是量化指标间相关性，或是量化指标的代表性，或是采用数据挖掘的方法提取数据中的隐含信息。

由于流星余迹通信的特殊环境，很难得到大量实际数据；同时，系统工作环境千变万化，难以从已有的数据中预测出未知环境下流星余迹通信系统的状况。

由此可见，在进行流星余迹通信系统效能评估时，主要依靠主观的专家咨询筛选方法来完善指标体系。

5.1.2 流星余迹通信评估指标体系

当前，对于指标体系建立，还没有完全成熟的理论。对流星余迹通信系统来说，包含了诸多的效能指标。下面按照先满足全面性，再满足代表性的顺序构建指标体系。

① 依据应急通信保障需求，构建与之对应的指标体系库。

② 将指标体系库中的指标进行分类，完成层次结构的建立。

③ 通过专家咨询的方法对指标体系进行筛选和完善。

流星余迹通信系统应具有互联互通、组网运用、可靠传输、抗干扰、广域覆盖、安全保密、抗毁生存和系统机动等方面的能力。构建流星余迹通信系统效能评估指标库如表 5-1 所列。

表 5-1　指标体系库

能力需求	指　标
互联互通能力	互联互通能力
组网运用能力	系统启动时间、建立连接时间、快速组网能力、系统易用性、人员素质
可靠传输能力	连通率、系统故障率、信道容量、响应时间、误码率、信噪比、信道利用率、吞吐量、传输时延、环境适应能力
抗干扰能力	抗自然环境干扰能力、抗人为干扰能力、信息恢复能力
广域覆盖能力	最小传输距离、最大传输距离
安全保密能力	安全保密能力、加密占用资源率、判断入侵能力
抗毁生存能力	设备隐蔽性、设备模块化程度、冗余备份能力、可维修性
系统机动能力	设备展开时间、设备机动能力

5.1.3　业务指标层次结构

业务指标主要是对流星余迹通信系统在既定时间里完成既定任务能力的衡量。对于流星余迹通信系统，其业务指标可以归纳为3类，即系统可用性、通信质量、用户适应度，如图5-1所示。

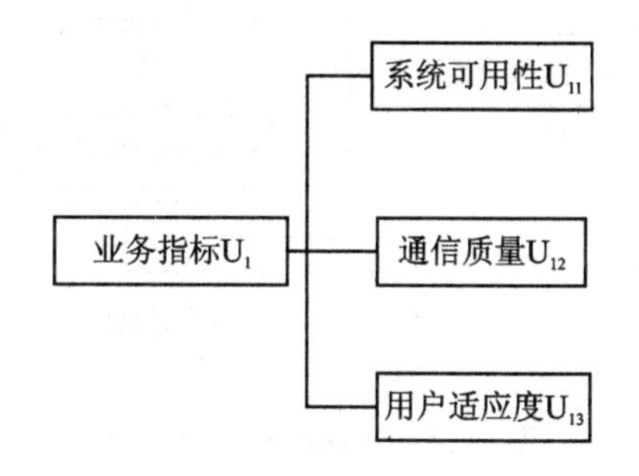

图 5-1　业务指标划分

1. 系统可用性

系统可用性描述的是系统能否正常使用，需要多长时间能正常使用。具体来讲，可以分为系统启动时间、建立连接时间、连通率、系统故障率和可维修性，如图5-2所示。

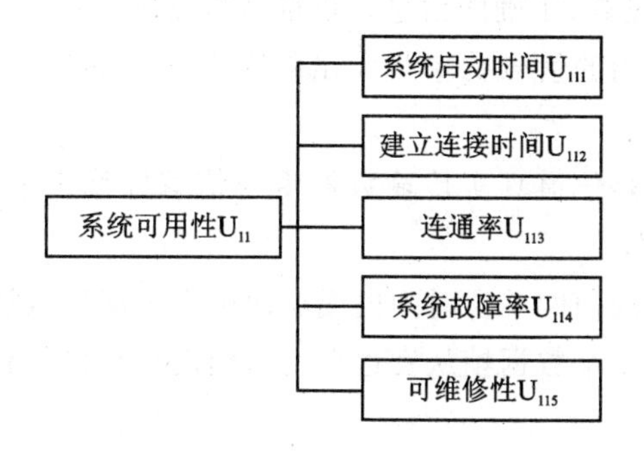

图 5-2　系统可用性指标划分

(1) 系统启动时间指的是系统进入工作状态的时间,如果系统需要很长时间来启动,很可能影响到通信传输的效果;

(2) 建立连接时间指的是通信双方在开始建立连接到可以正常通信的时间,流星余迹通信的突发性导致建立连接时间存在不确定性;

(3) 连通率指的是系统为通信双方建立连接的成功率,直接关系到在有限的建立连接时间下能获得多大的通信效率;

(4) 系统故障率描述的是系统在使用前发生故障的概率,直接关系到系统能否正常运行和使用;

(5) 可维修性描述系统在出现故障后,通过维修进行恢复的复杂程度。

2. 通信质量

通信质量指的是通信过程中,系统向各级负责人员提供信息服务的质量。具体来讲,可以分为信道容量、响应时间、误码率、信噪比、信道利用率、吞吐量和传输时延 7 个方面,如图 5-3 所示。

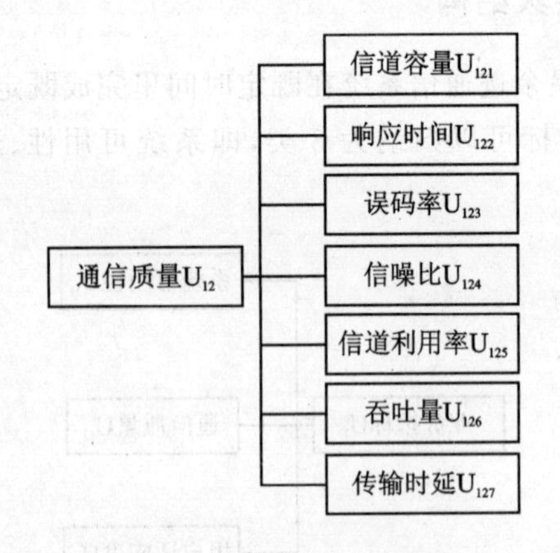

图 5-3 通信质量指标划分

(1) 信道容量指的是信息传输的最大速率,是通信质量的基础,有了这个基础,才能分析通信服务质量;

(2) 响应时间指的是信息从发送到接收需要的时间,关系到通信实时性的问题;

(3) 误码率指的是信息经过传递后错误码元数与总码元数之比,其关系到一次通信过程的有效性,如果误码率过高,正确的信息就很难被检测出来;

(4) 信噪比指的是输出的信号功率与输出的噪声功率的比,一定程度上反映噪声对于信道的影响程度;

(5) 信道利用率指的是信道真实传输数据量与信道标称传输数据量的比,一定程度上反映信道能力发挥的程度;

(6) 吞吐量描述的是通信网单位时间内成功地传送数据的数量;

(7) 传输时延指的是一个数据帧从发送点发出到接收点接收到所耗费的时间。

3. 用户适应度

用户适应度指的是系统对用户的兼容能力,具体分为最大传输距离、互联互通能力、快速组网能力和系统易用性 4 个方面，如图 5－4 所示。

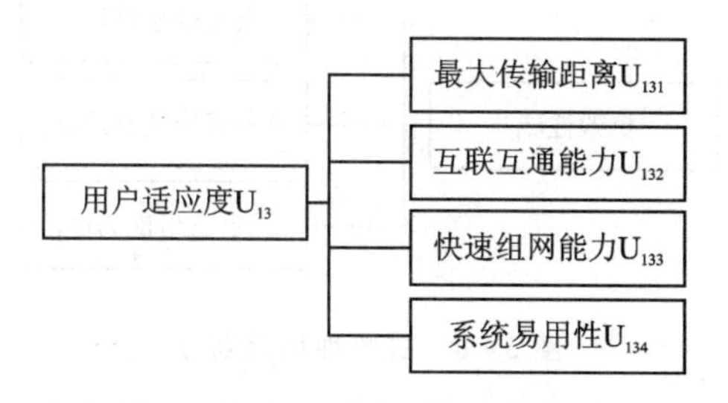

图 5－4　用户适应度指标划分

(1) 最大传输距离指的是通信传输能达到的最大距离，流星余迹通信距离远，因此最大传输距离是流星余迹通信的重要指标；

(2) 互联互通能力是指流星余迹通信系统与其他通信系统（光纤通信、微波通信）之间信息相互交叉传递的能力；

(3) 快速组网能力指的是系统一些设施遭受破坏或者因其他原因无法正常使用时，迅速转变使用其他设施或者手段进行通信的能力，体现出应急通信的特点；

(4) 系统易用性指的是系统操作的难易程度，决定操作人员进行训练所要耗费的时间与精力。

5.1.4　应用指标层次结构

应用指标体现了系统在特殊环境下完成应急通信任务的能力。应用指标可以归纳为以下 6 类：抗毁性、抗干扰性、安全性、机动性、环境适应性和人员素质，如图 5－5 所示。

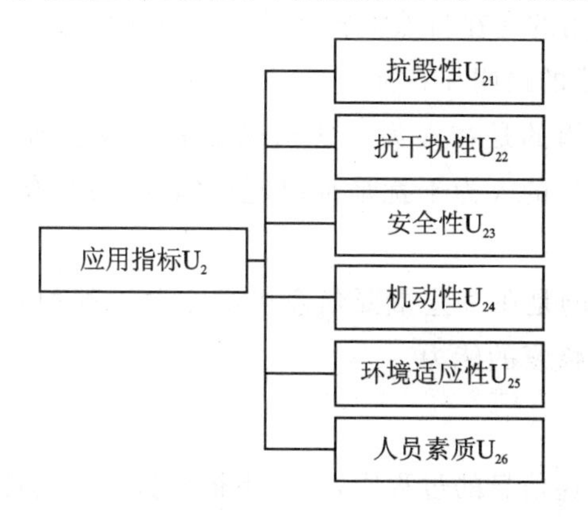

图 5－5　应用指标划分

1. 抗毁性

抗毁性指标是指系统的承受能力。具体说来，包括设备隐蔽性、设备模块化程度和冗余备份能力 3 个方面，如图 5－6 所示。

(1) 设备隐蔽性指的是设备不被侦测到的能力，设备是一套系统的基础，设备的抗侦测能力直接影响系统的生存能力，因此设备的隐蔽性就显得尤为重要了；

(2) 设备模块化程度指的是设备各部分的相对独立程度，设备在一部分受到破坏时，如

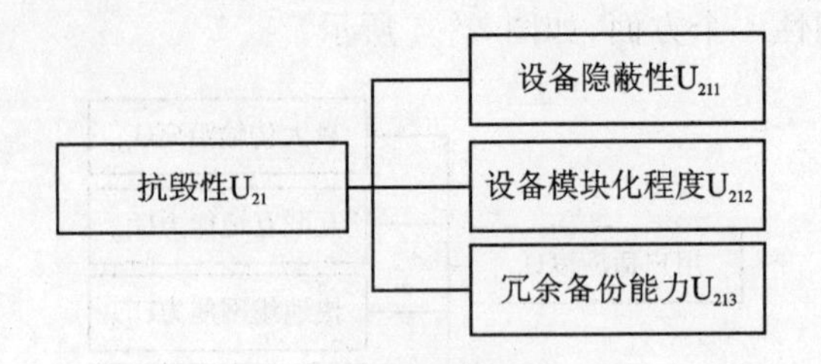

图 5-6　抗毁性指标划分

果系统模块化程度较高，就很容易使用备用模块进行补充，从而重新正常工作；

(3) 冗余备份能力指的是系统在一些信息意外丢失的情况下通过备份来恢复信息从而完成通信的能力，是一些重要信息能否在设备受损的情况下继续通过其他手段传递的关键。

2. 抗干扰性

抗干扰性指标指的是抵抗信号干扰的能力，主要包括抗自然干扰能力、抗人为干扰能力和信息恢复能力 3 个方面，如图 5-7 所示。

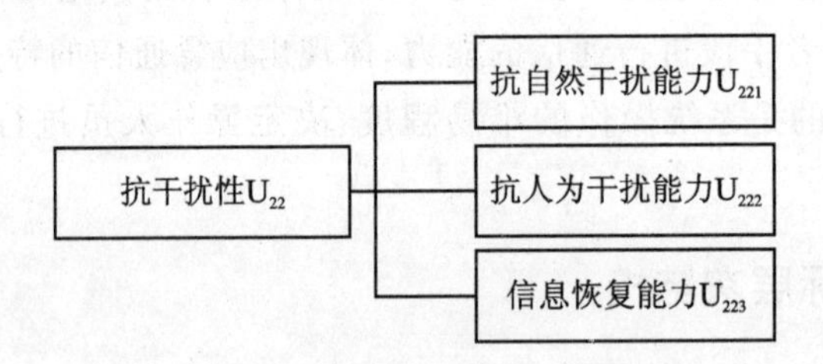

图 5-7　抗干扰性指标划分

(1) 抗自然干扰能力指的是在自然灾害等情况下流星余迹通信系统能否有效工作的能力，是区别于其他通信手段的最明显特征；

(2) 抗人为干扰能力指的是在人为干扰情况下流星余迹通信系统能否有效工作的能力，在应急环境下，通信设施的人为干扰是难以避免的，必须要有一定的抗人为干扰能力来保证通信的正常进行；

(3) 信息恢复能力指的是在一些重要信息被敌方通过种种方式干扰掉或者破坏掉后，这部分信息能否迅速得到恢复的能力。

3. 安全性

安全性是指系统在传递信息的过程中，信息不被对方窃取的能力，包括信息安全保密能力、加密占用资源率和判断入侵能力 3 个方面，如图 5-8 所示。

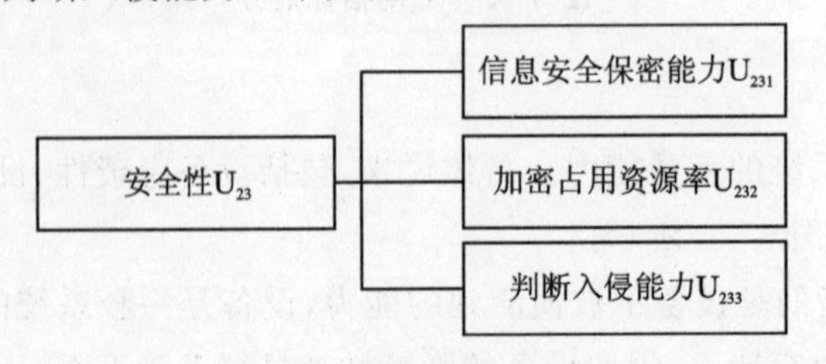

图 5-8　安全性指标划分

(1) 信息安全保密能力是比抗干扰能力更重要的一项指标，指的是运用各种安全手段避免传输的信息被对方获取并破译的能力；

(2) 加密占用资源率指的是通过加密导致系统有效性下降而保证信息能正常传输的能力，流星余迹通信手段的带宽都比较窄，通信资源十分宝贵，不能为了安全保密占掉大量资源，而使得有效信息难以得到完整传递；

(3) 判断入侵的能力指的是系统在即将遭受或者已经遭受入侵时系统能否及时发现的能力，如果敌方的入侵被及时发现，会将损失降低很多。

4. 机动性

机动性是用来衡量系统在机动时的通信保障能力。具体可分为机动保障能力和设备机动性两个方面，如图5-9所示。

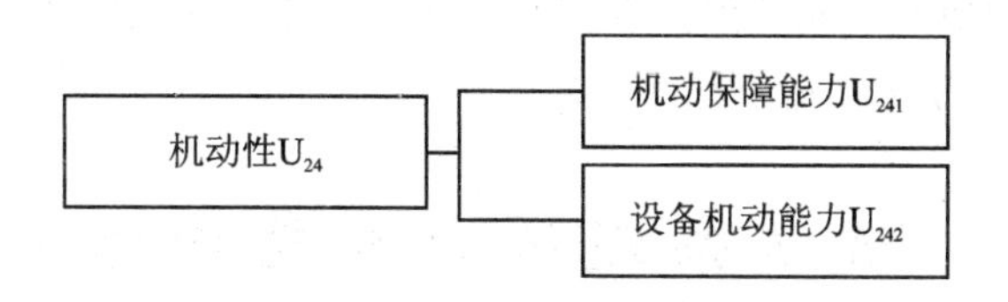

图5-9　机动性指标划分

(1) 机动保障能力，在应急环境中，因为目标暴露而需要转移的情况是时有发生的，在转移过程中与其他力量保障通信正常进行是十分必要的，这就需要系统具备一定的机动保障能力；

(2) 设备机动能力，通信系统的设备也不能过于庞大沉重难以运输，设备的机动能力也应得到考虑。

5. 环境适应性

环境适应性体现系统在各种不同自然环境下的通信保障能力，具体可以把环境分为地形、天气以及植被3个方面，如图5-10所示。我国拥有各种各样的地形与植被，同一点不同时刻的天气也千差万别，通信设备不能只是在实验场地有效，在真正的复杂环境下，需要有适应不同地形、不同天气以及不同植被的能力，在此不再赘述。

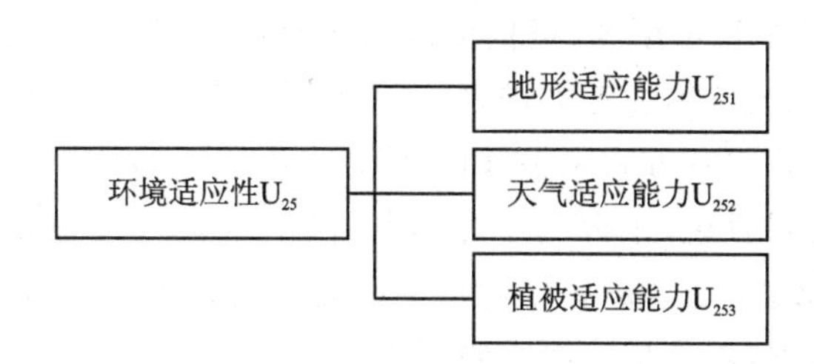

图5-10　环境适应性指标划分

6. 人员素质

人员素质是人员在战场环境中能否充分发挥系统能力的一项重要指标，具体可以把人员素质分为操作水平、心理素质、人员组成结构3个方面，如图5-11所示。

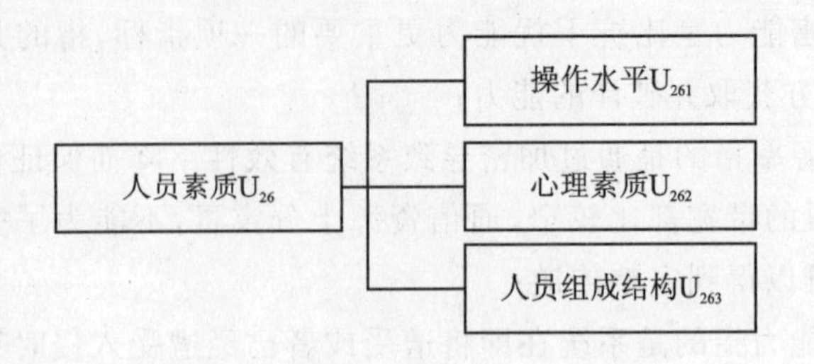

图 5-11　人员素质指标划分

(1) 操作水平，操作是一切的基础，如果操作水平不高，在复杂环境下，系统效能难以发挥；

(2) 心理素质是能否将操作水平发挥出来的关键；

(3) 人员组成结构指的是系统的各个操作位上的人员是否适合该操作，一套默契、协调的人员组成可以将系统的效能充分发挥出来。

5.2　流星余迹通信效能评估方法

5.2.1　通信效能评估方法

经过多年的发展，出现了大量针对不同系统、不同目的的效能评估方法。这些方法主要有以下几种：

1. ADC 法

美国工业界武器系统效能咨询委员会 WSEIAC 提出了针对武器系统综合效能评估的 ADC 方法。该方法使用的三个因素分别为系统可用度矩阵 $\boldsymbol{A}$、系统可信赖矩阵 $\boldsymbol{D}$ 以及系统能力矩阵 $\boldsymbol{C}$。系统效能通过公式 $\boldsymbol{E}=\boldsymbol{A}\times\boldsymbol{D}\times\boldsymbol{C}$ 来求解。系统在执行任务前，有可能处于各种状态，系统可用度 $\boldsymbol{A}$ 表示系统处于所有可能状态的概率；系统在执行任务过程中也会处于各种状态，系统可信赖矩阵 $\boldsymbol{D}$ 表示系统从一种可能的状态迁移到另一种可能状态的概率；系统能力矩阵 $\boldsymbol{C}$ 是系统完成任务的能力矩阵，它是系统效能求解过程中的关键。

ADC 方法把系统效能用可用度、可信度以及固有能力来表示，不仅仅考虑了设备和技术之间的关联性，还将系统整体性考虑进来。同时，该方法易于表达和理解，得到了广泛的应用。由于求解能力矩阵 $\boldsymbol{C}$ 的方式很多，因此该方法可以同很多方法相结合。

该方法数学模型相当直观，十分利于分析与计算；但是当把它应用于比较复杂的系统时，会出现系统状态数较多，运算量急剧增加的问题。更重要的是，该方法需要搜集大量不同状态下系统的指标数据，不论是使用实验还是使用专家系统，都会增加很多工作量；尤其是针对复杂通信系统的评估，许多通信参数难以获得，即使要获取所花费的代价极大。

2. 模糊综合评估法

该方法以美国的控制论专家 Zadeh L. A. 教授创立的模糊数学为基础，可以较好地解决评估过程中存在的不确定性。评估的基本步骤为：计算出各因素（指标）综合权重（可以使用 AHP 等方法）；依据实际情况，选取相应的评语集，并以评语集为基础构建适用于评估对象的隶属度函数;获取各因素的值,进行归一化;利用隶属度函数计算各个因素隶属向量;用权重向量与各因素隶属向量相乘得到最终隶属向量,最后根据最大隶属原则得出综合评估结果。

该方法可以很好地在结果中呈现出评估过程中因为种种因素造成的模糊性,在各个领域都得到了较广泛的应用。该方法可与层次分析法相结合,实现通信网络效能的评估。另外,还有大量学者将模糊综合法与其他方法相结合应用于效能评估领域。

模糊综合法可以很好地处理模糊性问题,但该方法在处理精确的原始指标值时,模糊化会使得数据精确度降低;同时,该方法还会忽略掉不确定性问题中普遍存在的随机性问题。

3. SEA 法

SEA(System Effectiveness Analysis)是由 Levis 教授在 20 世纪 80 年代提出的。该方法以系统需要完成的任务为基础,观察系统在运行过程中的轨迹与系统需要完成任务的轨迹之间差异的大小。差异越小,系统效能越高。该方法强调系统的任务使命,把系统效能真正地用系统实际完成任务能力的高低来描述,理解较为简单,得到了美军的重视,开展了一系列相关研究,开发了以 SEA 方法为基础的评估平台和仿真工具。

该方法的核心思想是将系统带入运行环境中,分析系统对于任务的完成情况,这就导致该方法对于实际的环境需求较为强烈。

4. TOPSIS 法

TOPSIS(Technique for Order Preference by Similarity to Ideal Solution)是由 Hwang C. H. 和 Yoon K. 在 1981 年提出的,后来有学者将该方法应用于 MODM(Multiple Objective Decision Making)问题上,使得 TOPSIS 方法在评估领域得到了广泛的使用。

TOPSIS 评估法的基本原理:首先对代表各个方案的矩阵进行归一化,在归一化后的矩阵中找到最优解以及最劣解,计算出待评估方案与最优解和最劣解之间的距离,以这两个计算出的距离作为评估方案优劣的依据。大量文献对该方法进行了基于主成分的研究。

该方法适用于多系统决策问题,但是通信系统效能评估的特殊性导致很难有大量的方案提供给决策者,寻找出最优解与最劣解难以具有代表性。

5. 基于灰色理论的效能评估方法

灰色理论的相关内容是由邓聚龙教授于 20 世纪 80 年代提出的。灰色关联度理论就是基于灰色理论的一种应用。它的基本原理是:对于统计的各个数列,它们曲线的接近程度与它们之间的关联度成正相关,这样就可以先求出所有方案的最优解,然后量化其他方案之间的关联度,那么,该方案的曲线与最优解曲线的关联度就与该方案的评估结果成正相关。灰色关联度理论在效能评估领域得到了十分广泛的应用。

灰色理论还可以与 AHP 法、ADC 法、TOPSIS 法以及模糊综合法相结合。灰色理论在处理不确定性问题时有一定的优势,但是灰色关联度理论仍然存在寻找最优解的问题。

6. 基于粗糙集的效能评估方法

粗糙集理论是由波兰学者 Pawlak Z. 在 1982 年提出,随后 Slowinski R. 于 1995 年将该理论应用于综合评估中。粗糙集理论是一种处理不精确、不一致、不完整等不完备信息的有效工具，在处理问题时不需要先验知识。在效能评估领域，粗糙集可以用来简化指标体系，可以处理指标的权重，还可以用来处理指标值。得益于该方法诸多优势，它在效能评估领域得到了长足的发展。

粗糙集理论在使用过程中仍然需要较大数量的数据作为支撑，难以应用于复杂通信系统的效能评估中。

目前，国内外对于军用系统作战效能评估的研究主要集中于无人侦察机、C3I 系统和卫星通信等领域。流星余迹通信系统效能评估的相关资料较少。流星余迹通信系统具有两大特点：一是缺少大量的实际数据，很多判断都十分依赖专家，这样就产生了大量具有模糊性以及随机性的信息；二是系统结构较为复杂，涉及多个层次、多种手段。模糊综合法可以较好地处理指标值存在的模糊性信息，可应用于流星余迹通信系统的效能评估中。

5.2.2　模糊综合评估方法的原理

流星余迹通信系统效能评估涉及不确定性问题，现实世界中很多事物的很多方面都涉及不确定性问题。面对这些问题，很难用简单、精确的数字去说明、去描述，而是需要去含糊这些问题中涉及的概念。在过去很长一段时间里，精确的数学被认为是最好的，最能清晰描述问题；然而随着时代的发展，人们越来越体会到精确数学在面对复杂系统时的局限性。在这种矛盾的促使下，美国控制论专家 Zadeh L. A. 教授创立了模糊数学，以及模糊数学相关的一整套模糊理论，提供了一种处理不精确问题的思路。

1. 模糊集和隶属函数

经典集合论中，一个元素 x 和一个集合 M 只可能有两种关系，一种是 $x \in M$，一种是 $x \notin M$。用函数表示为：

$$C_m(x) = \begin{cases} 0 & x \notin M \\ 1 & x \in M \end{cases} \tag{5-1}$$

这种表示也被称为二值逻辑{0,1}。如果把二值逻辑进行拓展，拓展到[0,1]上，就构成了模糊数学的连续值逻辑。它给予一个元素 x 和一个集合 M 新的关系——部分属于。用隶属度来表示一个元素隶属于一个集合的程度，计算隶属度的函数就成为隶属度函数。模糊集的特点是显而易见的，它将原来经典集合论中“非黑即白”式的判断方式进行了彻底地改变。

在模糊理论中，隶属函数可以说是整个过程的关键。它的作用是通过数值，计算出元素对于模糊集合的隶属程度。因此如果隶属函数不相同，即使其他所有数值都相同，计算出来的模糊结果也会千差万别。

隶属函数在模糊理论中的地位导致许多学者投入到相关研究中，提出了比较好的方法。比如，赵宇提出了“变隶属函数”的概念，即一种采用最小二乘法拟合离散数据获取隶属函数的方法。但是构建隶属度函数解决不确定性问题时仍然存在忽略随机性的问题，对流星余迹通信系统的定性指标进行判断时随机性信息是不可避免的，因此在使用模糊评估方法对流星余迹通信系统效能进行评估时，在处理好模糊性的同时不忽略随机性具有相当重要的意义。

2. 模糊综合评价过程

1）确定因素集

因素集指的是对评判结果造成影响的各种因素构成的集合。在流星余迹通信系统效能进行评估中，因素集指的就是指标体系。为了能够更加清晰地分析出因素集之间的关系，建立层次模型是必要的。

2）确定因素集权重

因素集对判断结果造成的影响是不同的，所以对因素集里面的各个因素进行合理的赋权是评估进行的基础。

这里采用传统层次分析法对流星余迹通信系统指标进行赋权。最底层指标的综合权重向量表示为：

$$\boldsymbol{W}=[w_1, w_2, \cdots, w_n]^{\mathrm{T}} \tag{5-2}$$

其中 n 表示最底层指标的个数。

3）确定评语集

评语集指的是决策者对于评判对象作出的所有可能出现的评判结果的集合。假设有 m 个评判结果，将评语集表示为 $Q=\{q_1, q_2, \cdots, q_m\}$。这里面的 m 个子集就是代表模糊理论中的模糊子集。

4）构建隶属度函数并计算单因素隶属度

对所有 n 个最底层因素进行评判，并构建隶属度函数来确定各个因素对于评语集中每个评语的隶属度，并构成隶属度向量。计算因素集中的因素 U_i 对评语集中的评语 V_j 的隶属度，记为 $l_{ij}=\mu_j(u_i)$。其中，u_i 为因素 U_i 的值，μ_j 为评语 V_j 的隶属度函数。因素 U_i 对评语集中的每个评语的隶属度构成的隶属度向量为 $\boldsymbol{L}_i=[l_{i1}, l_{i2}, \cdots, l_{im}]$，所有因素对每个评语集的隶属度向量构成的矩阵为：

$$\boldsymbol{L}=\begin{bmatrix} l_{11} & l_{12} & \cdots & l_{1m} \\ l_{21} & l_{22} & \cdots & l_{2m} \\ \vdots & \vdots & & \vdots \\ l_{n1} & l_{n2} & \cdots & l_{nm} \end{bmatrix} \tag{5-3}$$

5）综合评估

将步骤2中计算得到的各个指标综合权重 $\boldsymbol{W}=[w_1, w_2, \cdots, w_n]^{\mathrm{T}}$ 与步骤4中得到的各个指标隶属度的矩阵 $\boldsymbol{L}$ 结合，即

$$\boldsymbol{Z}=\boldsymbol{W}\cdot\boldsymbol{L}=\begin{bmatrix} w_1 \\ w_2 \\ \vdots \\ w_n \end{bmatrix}\cdot\begin{bmatrix} l_{11} & l_{12} & \cdots & l_{1m} \\ l_{21} & l_{22} & \cdots & l_{2m} \\ \vdots & \vdots & & \vdots \\ l_{n1} & l_{n2} & \cdots & l_{nm} \end{bmatrix}=[z_1, z_2, \cdots z_m]^{\mathrm{T}} \tag{5-4}$$

评估结果为$[z_1, z_2, \cdots, z_m]$。该评估结果能够反映出对整个系统的评估隶属于每个评语集中评语的程度，依据最大隶属度原则，将隶属度最大的评语作为最终的评估结果。最终评估结果也可以向量形式呈现，这样可以给决策者提供更多的信息。

5.3 流星余迹通信效能评估实例

5.3.1 效能评估系统设计

1. 系统总体设计

流星余迹通信效能评估系统由用户登录模块、初始设定模块、指标赋权模块和综合评估模块组成,如图 5-12 所示。

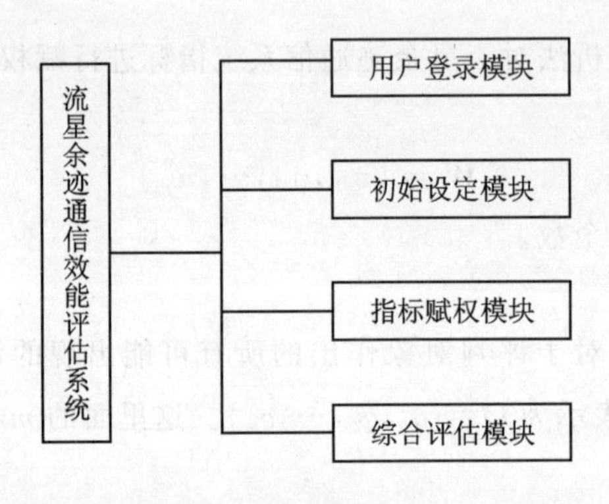

图 5-12 系统总体设计

(1) 用户登录模块。该模块主要负责专家与管理员身份的识别,专家资料获取,专家权威性评估,为评估提供专家库以及保存专家资料等功能。

(2) 初始设定模块。管理员可以进入该模块,完成系统指标体系的设定与定量指标无量纲化标准的设定。

(3) 指标赋权模块。该模块负责记录专家所给的判断矩阵,并由管理员选取专家组完成判断矩阵的综合,最终运用基于云模型的层次分析法计算出该专家组所得的指标权重云模型。

(4) 综合评估模块。该模块负责汇总之前模块所得的数据,运用模糊层次分析得到最终的评估结果。

2. 数据库设计

数据库涉及的主要有系统可用性表、通信质量表、用户适用度表、抗毁性表、安全性表等,如图 5-13 所示。

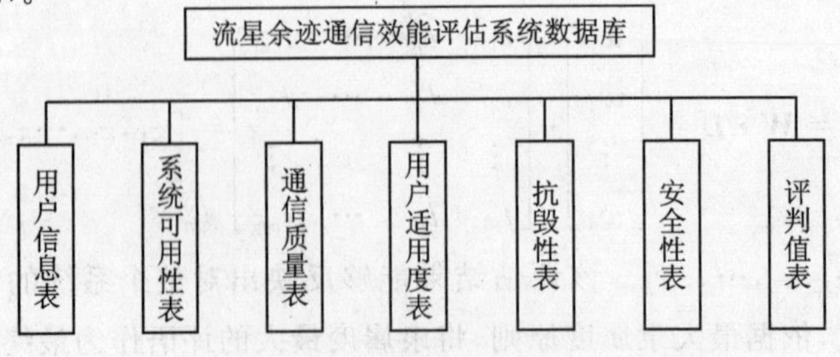

图 5-13 流星余迹通信效能评估系统数据库

(1) 用户信息表主要用于存储使用系统的用户信息，具体字段如表5-2所列。

表5-2　用户信息表

序　号	名　称	数据类型	数　值	允许空
1	用户名	Nvarchar	50	N
2	密码	char	10	N

(2) 主要用于存储使用系统的一级指标信息，具体字段如表5-3所列。

表5-3　一级指标信息表

序　号	名　称	数据类型	允许空
1	系统可用性	float	Y
2	通信质量	float	Y
3	用户使用度	float	Y
4	抗毁性	float	Y
5	安全性	float	Y

(3) 主要用于存储使用系统的二级指标信息中系统可用性信息表，具体字段如表5-4所列。

表5-4　系统可用性信息表

序　号	名　称	数据类型	允许空
1	网络开通时间	float	Y
2	可靠性	float	Y
3	可维修性	float	Y

(4) 主要用于存储使用系统的二级指标信息中通信质量信息表，具体字段如表5-5所列。

表5-5　通信质量表

序　号	名　称	数据类型	允许空
1	误码率	float	Y
2	吞吐量	float	Y
3	传输时延	float	Y

(5) 主要用于存储使用系统的二级指标信息中用户适用度表，具体字段如表5-6所列。

表5-6　用户适用度表

序　号	名　称	数据类型	允许空
1	最大传输距离	float	Y
2	互联互通能力	float	Y
3	系统易用性	float	Y

（6）主要用于存储使用系统的二级指标信息中抗毁性表，具体字段如表 5－7 所列。

表 5－7　抗毁性表

序　号	名　称	数据类型	允许空
1	设备隐蔽性	float	Y
2	设备模块化程度	float	Y
3	冗余备份能力	float	Y

（7）主要用于存储使用系统的二级指标信息中安全性表，具体字段如表 5－8 所列。

表 5－8　安全性表

序　号	名　称	数据类型	允许空
1	信息安全保密	float	Y
2	加密占用资源率	float	Y
3	判断入侵能力	float	Y

（8）主要用于存储使用系统的评判值表，具体字段如表 5－9 所列。

表 5－9　评判值表

序　号	名　称	数据类型	允许空
1	好	float	Y
2	较好	float	Y
3	一般	float	Y
4	较差	float	Y
5	差	float	Y

3. 开发过程

流星余迹通信效能评估系统在 Windows 操作系统中开发，数据库采用 SQLServer2005，以 Visual Studio 2008 为主要开发工具，采用 C＃编写，基本的开发过程如图 5－14 所示。首先建立数据库录入流星余迹通信效能评估的指标，然后编写登录界面，再建立评估界面，设计实现相关代码，通过实例测试系统并进行完善。

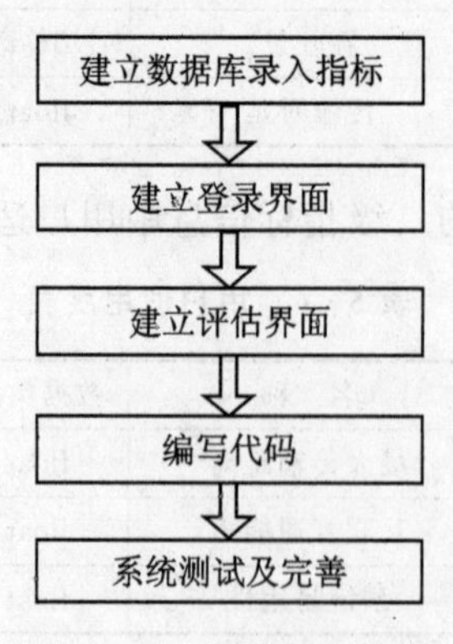

图 5－14　系统开发流程

5.3.2　效能评估实例

1. 实例分析

同时有两个单位进行流星余迹通信沟通任务，$F=\{F_1,F_2\}$。首先，根据模糊综合评估要求，将评估指标的评估值分成 5 个等级 $V=\{v_1,v_2,v_3,v_4,v_5\}$，其中 v_1、v_2、v_3、v_4、v_5 分别表示“好”、“较好”、“一般”、“较差”、“差”。然后，根据专家调查确定权重系数，再按照 V 所划分的等级对每个通信单位进行评判统计，得到的结果如表 5-10 和表 5-11 所列。

表 5-10　F_1 指标图

	一级指标（权重）	二级指标（权重）	F_1 评判值				
			好	较好	一般	差	较差
业务指标	系统可用性（0.14）	网络开通时间（0.33）	0.1	0.2	0.4	0.2	0.1
		可靠性（0.47）	0.4	0.2	0.3	0.1	0
		可维修性（0.20）	0.1	0.2	0.4	0.2	0.1
	通信质量（0.35）	误码率（0.34）	0.6	0.1	0.1	0.2	0
		吞吐量（0.29）	0.3	0.2	0.4	0	0.1
		传输时延（0.37）	0.2	0.3	0.3	0.1	0.1
	用户适应度（0.21）	最大传输距离（0.27）	0.2	0.3	0.2	0.1	0.2
		互联互通能力（0.38）	0.4	0.2	0.1	0	0.3
		系统易用性（0.35）	0.3	0.3	0.1	0.1	0.2
应用指标	抗毁性（0.16）	设备隐蔽性（0.23）	0.1	0.2	0.3	0.2	0.2
		设备模块化程度（0.44）	0.3	0.3	0.2	0.2	0
		冗余备份能力（0.33）	0.2	0.1	0.4	0.1	0.2
	安全性（0.14）	信息安全保密性（0.28）	0.3	0.2	0.2	0.3	0
		加密占用资源率（0.46）	0.5	0.2	0.2	0.1	0
		判断入侵能力（0.26）	0.2	0.3	0.3	0.1	0.1

表 5-11　F_2 指标图

	一级指标（权重）	二级指标（权重）	F_2 评判值				
			好	较好	一般	差	较差
业务指标	系统可用性（0.14）	网络开通时间（0.33）	0.2	0.3	0.3	0.1	0.1
		可靠性（0.47）	0.3	0.1	0.3	0.1	0.2
		可维修性（0.20）	0.2	0.1	0.3	0.3	0.1
	通信质量（0.35）	误码率（0.34）	0.4	0.3	0.1	0.2	0
		吞吐量（0.29）	0.3	0.3	0.1	0.1	0.2
		传输时延（0.37）	0.4	0.2	0.2	0	0.2
	用户适应度（0.21）	最大传输距离（0.27）	0.2	0.3	0.4	0.1	0
		互联互通能力（0.38）	0.3	0.1	0.3	0	0.3
		系统易用性（0.35）	0.1	0.2	0.4	0.1	0.2

续表 5-11

	一级指标 (权重)	二级指标 (权重)	F_2 评判值				
			好	较好	一般	差	较差
应用指标	抗毁性 (0.16)	设备隐蔽性(0.23)	0.2	0.3	0.1	0.1	0.3
		设备模块化程度(0.44)	0.2	0.2	0.3	0.2	0.1
		冗余备份能力(0.33)	0.3	0.1	0.2	0.1	0.3
	安全性 (0.14)	信息安全保密性(0.28)	0.2	0.1	0.3	0.3	0.1
		加密占用资源率(0.46)	0.4	0.2	0.2	0.2	0
		判断入侵能力(0.26)	0.1	0.3	0.2	0.1	0.3

2. 评估指标录入

通过建立相应的评估界面可以对一级指标、二级指标、评判值和评估结果进行操作。

(1) 在数据库中录入系统可用性、通信质量、用户适用度、抗毁性和安全性一级指标权值，使其在界面中显示并能添加、修改、删除，如图 5-15 所示。

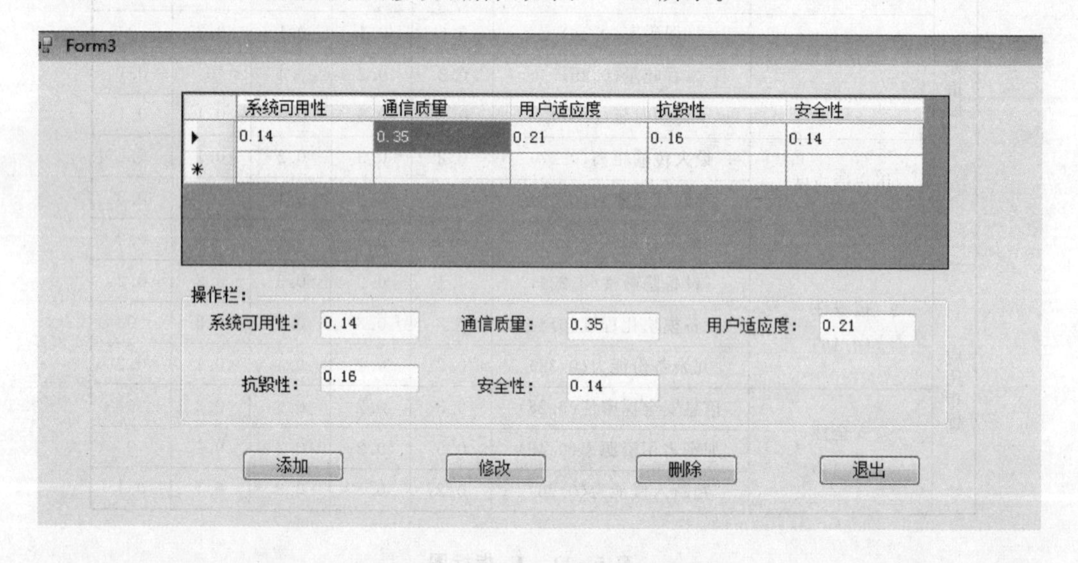

图 5-15　录入一级指标权值

(2) 在数据库中录入系统可用性、通信质量、用户适用度、抗毁性和安全性一级指标各自对应的二级指标权值，使其在界面中显示并能添加、修改、删除，如图 5-16 所示。

(3) 录入所有指标相应的“好”、“较好”、“一般”、“较差”、“差”的权重系数评判值，使其在界面中显示并能添加、修改、删除，如图 5-17 所示。

3. 模糊综合评估

分别对通信单位进行二级模糊综合评估，将得到模糊综合评估结果，如表 5-12 和表 5-13 所列。

4. 结论与分析

为了充分利用模糊综合评估所提供的信息，便于通信单位之间通信效能的分析和比较，采用加权平均法进行数据处理，计算出通信单位评估结果。

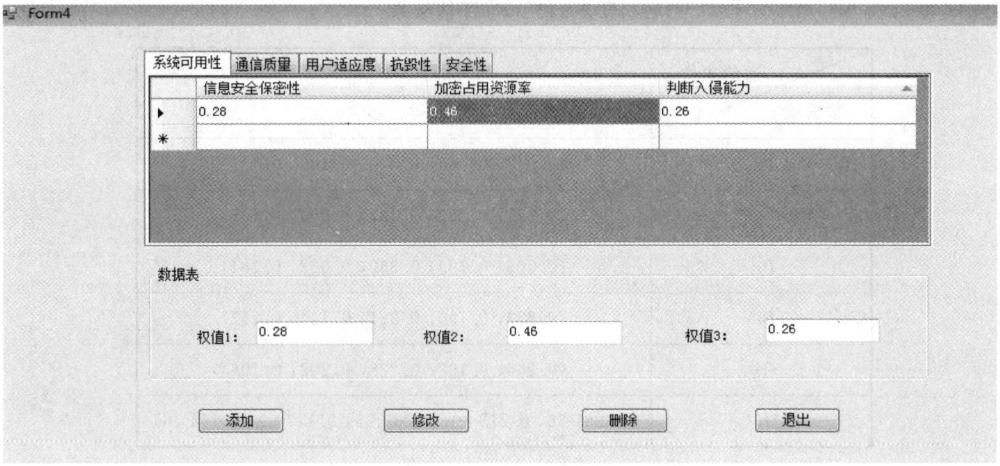

Form4

系统可用性 | 通信质量 | 用户适应度 | 抗毁性 | 安全性

	信息安全保密性	加密占用资源率	判断入侵能力
▸	0.28	0.46	0.26
*			

数据表

权值1: 0.28　权值2: 0.46　权值3: 0.26

添加　修改　删除　退出

图 5-16　录入二级指标权值

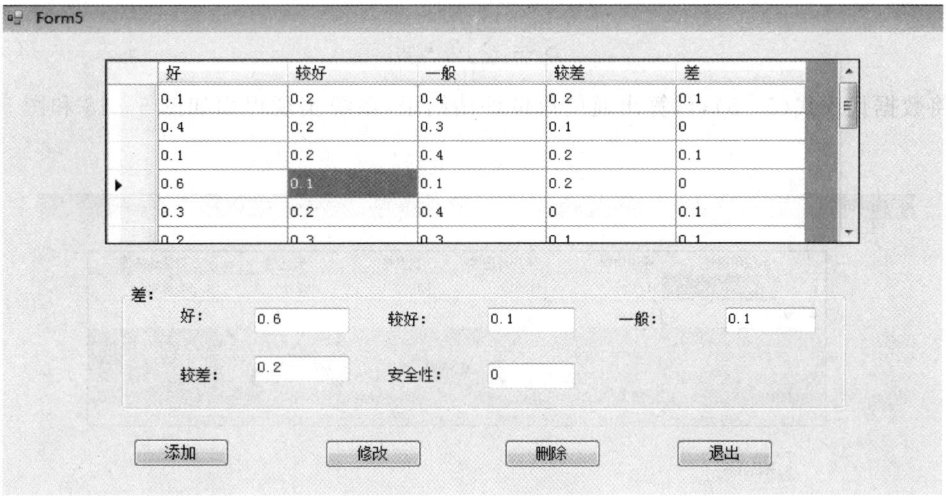

Form5

好	较好	一般	较差	差
0.1	0.2	0.4	0.2	0.1
0.4	0.2	0.3	0.1	0
0.1	0.2	0.4	0.2	0.1
0.6	0.1	0.1	0.2	0
0.3	0.2	0.4	0	0.1
0.2	0.3	0.3	0.1	0.1

差:

好: 0.6　较好: 0.1　一般: 0.1

较差: 0.2　安全性: 0

添加　修改　删除　退出

图 5-17　录入指标评判值

表 5-12　F_1 评估结果

数据项 \ 通信单位	F_1
B_1	(0.241, 0.200, 0.353 ,0.153 ,0.053)
B_2	(0.365, 0.203, 0.261, 0,105, 0.066)
B_3	(0.311, 0.262, 0.127, 0.062, 0.238)
B_4	(0.221, 0.211, 0.289, 0.167, 0.112)
B_5	(0.366, 0.226, 0.226, 0.156, 0.026)
B	(0.313 40, 0.219 47, 0.245 32,0.119 75,0.102 06)

表 5－13　F_2 评估结果

数据项 \ 通信单位	F_2
B_1	(0.247, 0.166, 0.300, 0.140, 0.147)
B_2	(0.371, 0.263, 0.137, 0.097, 0,132)
B_3	(0.203, 0.189, 0.362, 0.062, 0.184)
B_4	(0.233, 0.190, 0.221, 0.144, 0.212)
B_5	(0.266, 0.198, 0.228, 0.202, 0.106)
B	(0.281 58, 0.213 10, 0.233 25, 0.117 89, 0.154 18)

令 $V'=\{v_1',v_2',v_3',v_4',v_5'\}$ 表示 $V=\{v_1,v_2,v_3,v_4,v_5\}$ 所对应的分值，其中 v_1'、v_2'、v_3'、v_4'、v_5' 分别为 100、85、75、70、60，通信单位评估结果通过如下公式进行计算：

$$S=\sum_{i=1}^{l} b_i \cdot v_i' \tag{5-5}$$

将数据代入式(5－5)，计算出通信单位评估结果，系统实现界面如图 5－18 和图 5－19 所示。

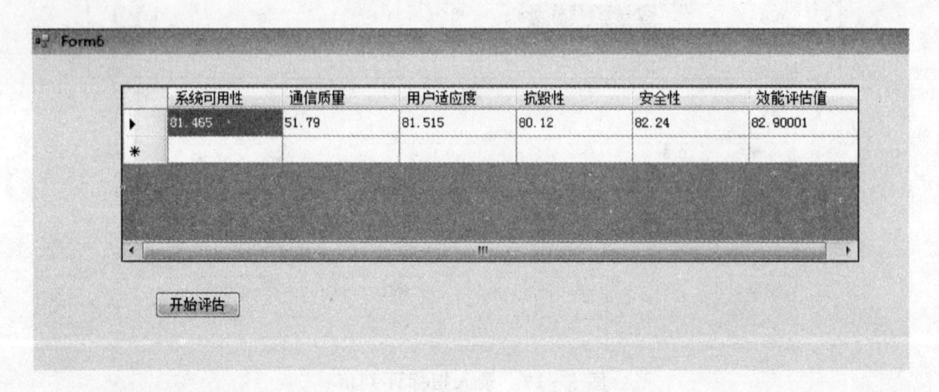

图 5－18　通信单位 F_1 评估结果

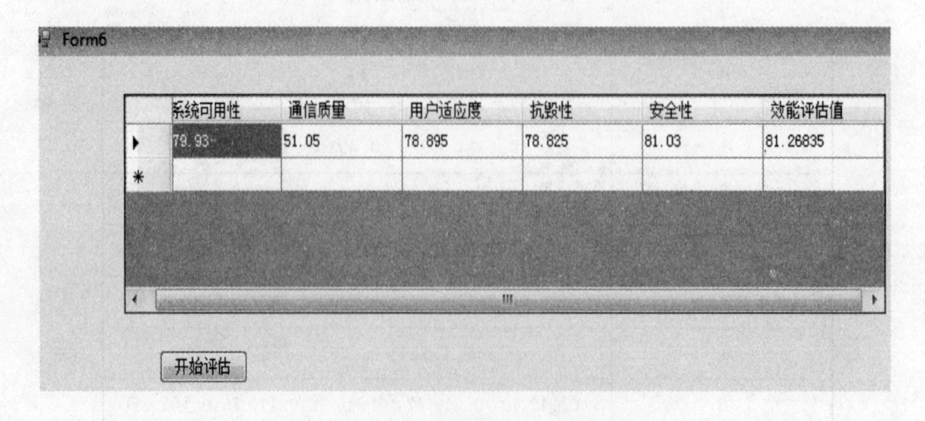

图 5－19　通信单位 F_2 评估结果

最终得到的评估数据如表 5－14 所列。

表 5－14 结果表明：在总体的通信效能上，F_1和 F_2都达到了“较好”级别，但是 F_2的通信效能略强于 F_1。

表 5－14　通信单位评估数据

比较项 \ 通信单位	F_1	F_2
系统可用性	81.465	79.930
通信质量	51.790	51.050
用户适用度	81.515	78.895
抗毁性	80.120	78.825
安全性	82.240	81.030
效能评估值	82.900 01	81.268 35

思考题

1. 流星余迹通信指标体系是如何建立的，包括哪些方面？
2. 简述模糊综合评估基本原理。
3. 结合本章实例，简述流星余迹通信效能评估的过程。

参考文献

[1] 李赞，刘增基，沈建．流星余迹通信理论与应用[M]．北京：电子工业出版社，2011.

[2] 张智翼，李赞，裴昌幸，等．基于SPW的流星余迹极低信噪比通信系统建模与仿真[J].计算机应用研究，2007,24(11):29-39.

[3] 王利鹏．流星余迹系统测试及组网性能研究[D]．西安：西安电子科技大学，2010.

[4] 黎庆，朱立冬．流星余迹通信网络建模与仿真[J]．通信技术．2010,11(43):78-80.

[5] 蔡昌毅，张安相，潘卫平．流星余迹通信技术特征及影响[J]．通信技术，2011,44(11):13-15.

[6] 王莹，高轶，冯微．流星余迹信道与组网技术仿真分析[J]．无线电工程，2011(4):58-28.

[7] 李攀，李洁，杨蛟龙．流星余迹通信技术应用研究[J]．数据通信，2012(6):29-34.

[8] 王文博，张金文．OPNET Modeler与网络仿真[M]．北京:人民邮电出版社，2003.

[9] 陈敏．OPNET网络仿真[M]．北京：清华大学出版社，2004.

[10] 孙屹，孟晨．OPNET通信仿真开发手册[M]．北京:国防工业出版社，2005.

[11] 李馨，叶明．OPNET Modeler网络建模与仿真[M]．西安：西安电子科技大学出版社，2006.

[12] 龙华．OPNET Modeler与计算机网络仿真[M]．西安：西安电子科技大学出版社，2006.

[13] 张铭，窦赫蕾，常春藤．OPNET Modeler与网络仿真[M]．北京:人民邮电出版社，2007.

[14] 高嵩．OPNET Modeler仿真建模大解密[M]．北京：电子工业出版社，2010.

[15] 塞西，赫纳特新．计算机网络仿真OPNET实用指南[M]．王玲芳，母景琴，译．北京:机械工业出版社，2014.

[16] 陈敏．OPNET物联网仿真[M]．武汉:华中科技大学出版社，2015.

[17] 张杰，唐宏．效能评估方法研究[M]．北京:国防工业出版社，2009.

[18] 吴伟，王博，张诤敏．基于AHP的应急机动通信系统效能评估[J]．火力与指挥控制，2011,36(7):91-94.

[19] 李卉．光电防御系统作战效能评估方法研究[D]．长春:中国科学院，2012.

[20] 马亚龙，邵秋峰．评估理论和方法及其军事应用[M]．北京:国防工业出版社，2013.